U1019261

含氧量°

让阅读像呼吸一样自然

ON CREATIVITY AND THE UNCONSCIOUS

论创造力与无意识

[奥地利] 西格蒙德·弗洛伊德 著 | 李昀烨 译

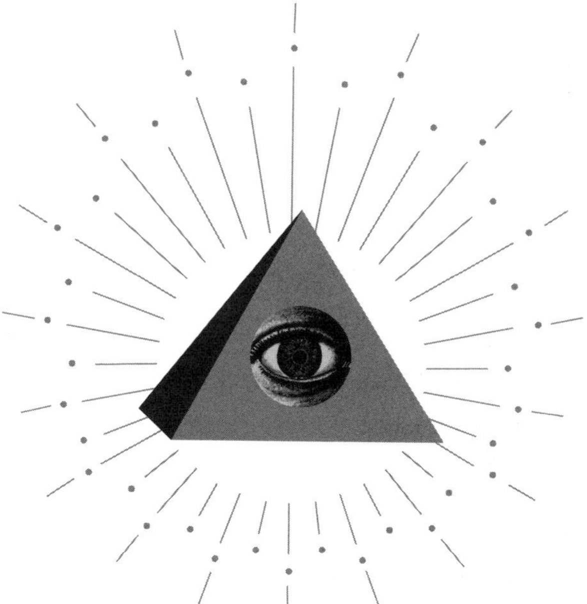

古吴轩出版社

图书在版编目（CIP）数据

论创造力与无意识 /（奥）西格蒙德·弗洛伊德著；李昀烨译. — 苏州：古吴轩出版社，2022.1
ISBN 978-7-5546-1807-3

Ⅰ. ①论…　Ⅱ. ①西…　②李…　Ⅲ. ①精神分析　Ⅳ. ① B84-065

中国版本图书馆 CIP 数据核字（2021）第 178286 号

责任编辑： 胡敏韬
策　　划： 蔡雅婷
装帧设计： ONE → ONE Design Studio

书　　名： 论创造力与无意识
著　　者： [奥地利] 西格蒙德·弗洛伊德
译　　者： 李昀烨
出版发行： 古吴轩出版社
地址：苏州市八达街 118 号苏州新闻大厦 30F　邮编：215123
电话：0512-65233679　传真：0512-65220750
出 版 人： 尹剑峰
印　　刷： 无锡市证券印刷有限公司
开　　本： 880 × 1240　1/32
印　　张： 10.25
字　　数： 212 千字
版　　次： 2022 年 1 月第 1 版　第 1 次印刷
书　　号： ISBN 978-7-5546-1807-3
定　　价： 68.00 元

如有印装质量问题，请与售后联系。0512-87662766

前言

精神分析的难点之一

（1917）

我迫不及待地要说，这并非一个让我冥思苦想的智力难点，也并非任何让听众或读者难以理解的精神分析学说的专业难点，而是一种情感上的难点——某种让接触了精神分析学说的人在情感上远离它的东西。因此人们不再想去相信它，或者对它表现出兴趣。显而易见，智力上的困难和情感上的困难归根到底是一种困难。如果缺乏共情，便无法轻易地理解这一点。

我认为我的读者现在对这个问题还没有了解。因此，我不得不追溯一段历史，这十分有必要。基于大量的个体观察和印象，某种类似于理论的东西终于在精神分析领域完成了自我塑造，我们将其命名为“力比多理论”（libido-theory）。众所周知，精神分析的关注点在于对所谓神经障碍的解释与治疗。要处理这个问题，我们必须找到一个起点，并下决心在本能的心理活动中找到它。因此，与人的本能相关的假设，形成了我们关于神经疾病的概念基础。

学校里教授的心理学课程，对于我们精神生活的问题，解答得非常不充分，而且对其中关于本能的信息，更是很少涉及。

于是，我们只能通过自己的方式进行初步研究。当下盛行的观点对饥饿和爱进行了区分，认为两者分别代表了两种本能，前者旨在自我保护，后者旨在物种繁衍。我们承认这一显而易见的区别。因此在精神分析中，我们也认为自我保护或自我本能与性本能之间具有一种相似关系，我们称之为“力比多”，也即性饥饿。“力比多”是心理中代表性本能的力量，它被视为一种类似于饥饿的力量，或者说是一种权力意志，也涉及自我倾向中的其他类似趋势。

以此为起点，我们会向重要的发现迈出第一步。我们已经了解，到目前为止，在试图理解神经症性障碍时，性本能具有特别的意义。事实上，神经症可以说是一种具体的性功能障碍。一般来说，一个人是否会发展成神经症，取决于其力比多的力量以及力比多的满足，并通过获得满足来释放力比多的可能性。这种可能性表明，神经症的形成是由出现问题的人在其性功能发展过程中所选择的道路决定的。或者正如我们所说，是由他的力比多在演进过程中的固着（fixation）决定的。此外，通过一种特殊的、不仅仅是单纯影响思维的技术，我们能够揭示神经症的诸多本质，并一一辨别。我们最大的成功在于，能够针对一类神经症进行治疗。这类神经症源于自我本能和性本能之间的冲突。因为个体性本能的需求（显然远远超出了个体范畴），似乎构成了一种危及自我保护或自尊的威胁，紧接着，人的自我将启动防御机制，否认性本能，否认自己所需的满足感，并迫使自己进入一条替代性满足的偏道中。这最终表现为神经症的症状。

接着，精神分析治疗方法就能够对这种压抑过程进行修正，并为之带来更好的冲突解决方案，那是一种与健康状态兼容的解决方案。对此，不太了解的反对者总是指责我们片面，他们认为我们高估了性本能的作用。那些人指责说："人类除了性，还有其他的兴趣。"我们从未忘记或否认这一点。对我们来说，精神分析的片面性就像一位化学家，他把所有化合物的形成归因于化学物质之间的引力。在此过程中，他并没有否认万有引力，只是将这一问题留给了物理学家去处理。

在治疗工作中，我们必须考虑来访者力比多的分布情况。我们必须找到力比多所依附的对象（即相应的观念），并将其从中解放出来，以便让力比多服从自我的支配。在这个过程中，我们形成了一幅非常奇怪的图画，它描绘了人类力比多初生时期所采取的方向。我们不得不推断在力比多的发展之初，每个人的力比多（一切性爱倾向与爱的能力）都是指向自我的。正如我们所说，它对自我全神贯注。直到后来，力比多伴随着人们对一些首要自然功能的满足，才会超越自我，流向自我之外的对象，那时我们才能认识到这种性本能趋势，并将它们与自我的本能区分开来。力比多也有可能从这些对象中分离出来，再次回到自我之中。

力比多被包含在自我中的情形，被我们称为“自恋”。它指的是希腊神话中的青年纳西索斯，他对自己的倒影保持着忠贞不渝的迷恋。[1]

因此，我们把个体的发展看成是从自恋之爱到对象之爱的进步；但我们不认为力比多会完全自发地由自我转移到外部对象。总有一定量的力比多保留在自我之中，即使在对象之爱高度发展的情况下，一定程度的自恋仍未间断。可将自我看作一个巨大的蓄水池，注定要流向对象的力比多，会由这里向外流出，但它也可以从对象中回流。即对象力比多最初其实是自我力比多，并且可以再次转化为自我力比多。为了个体的完全健康，至关重要的就是不应该让力比多失去这种完全的流动性。为了说明这种状态，我们可以想象一只变形虫，它的原生质长出伪足，身体中的物质随之向该处延伸。但伪足可以任意缩回，其原生质团的形态也因此得以恢复。

在这篇概述中，我一直试图描述与神经症有关的“力

---

[1] 纳西索斯（Narcissus）：希腊神话中，河神刻斐索斯（Cephissus）与水泽女神利里俄珀（Liriope）之子。据奥维德《变形记》记载，某日，纳西索斯在水中发现了自己的影子，然而却不知那就是他本人。纳西索斯爱慕不已、难以自拔，终于有一天，他赴水求欢溺水死亡。（本书注释若无特殊说明，均为译者注。）

比多理论”。在这一理论基础之上，我们形成了神经症病态性质的全部概念，并以此为据，提出了旨在减缓神经症的治疗手段。我们自然也认为，基于力比多理论解释正常行为也是有效的。我们用“自恋”这个词来形容小孩子，也正是由于原始人的过度“自恋”。我们认为原始人坚信自己的思想无所不能，并试图通过某些巫术来影响外部世界的事件进程。

在进行了以上介绍之后，我将谈一谈人类普遍的自恋情结以及自爱机制。到目前为止，这套机制已经被科学研究严重伤害了三次。

（a）当心中第一次涌现出对自己的地球家园的好奇时，人类相信自己是宇宙永驻的中心，太阳、月亮和行星都围绕着自己旋转。在这种情况下，人类天真地遵循着自己感知的指令。因为感觉不到地球的运动，无论站在哪里，人类的视野都畅通无阻。因此人类总是发现自己处在一个圆圈的中心，而整个外部世界都环绕着自己。对人类来说，地球处在宇宙的中心位置，这是人类在宇宙中主权的象征。这似乎与人类将自己视为世界之主的思维倾向非常一致。

这种自恋幻想的破灭，与哥白尼在16世纪的成名作有关[1]。早在哥白尼之前很久的时代，毕达哥拉斯学派就已

---

[1] 指哥白尼在1543年出版的《天体运行论》（*De Revolutionibus Orbium Coelestium*）。

经对地球的特殊地位产生了怀疑[1]。公元前 3 世纪，来自萨摩斯的阿利斯塔克[2]就宣称地球要比太阳这一天体小得多，并且绕着太阳转动。因此，即使“日心说”是哥白尼的伟大发现，其实也古已有之。但是当这一学说成为通识时，人类的自恋便遭受了第一次打击，这是一次来自宇宙学的打击。

（b）在向着文明发展的过程中，人类在动物界中获得了支配其他同类生物的权力。不过，人类很快就不满足于这一特权，开始在人性和动物性之间划清界限。人类否认动物拥有理性，认为只有人类自己的灵魂不朽，并声称自己是神的后裔。这些看法使得人类剪断了自己和动物王国之间的共同体纽带。后来，人类进入了更自命不凡的发展阶段。但值得注意的是，对儿童而言，这种傲慢是陌生的。对所谓野蛮人或原始人而言，这一点也是陌生的。在图腾崇拜中，原始人并不反感将自己的血统追溯至动物祖先。神话中便包含了这种古老心态的积淀，许多神灵会以动物形态出现。而在史前艺术的描述中，神往往也长着动物的头。儿童并不能看出自己的本性和动物有何不同，他们不

---

[1] 毕达哥拉斯学派（Pythagoreanism）起源于公元前 6 世纪，基于毕达哥拉斯及其追随者的主要哲学观点。毕达哥拉斯主义认为地球并非宇宙的中心。

[2] 阿利斯塔克（Aristarchus）：古希腊天文学家。代表作有《太阳和月球的大小与距离》。他是历史上最早提出“日心说”的人。

会因为童话中的动物会思考或者会说话而感到惊讶。儿童会把一种对父亲的恐惧情绪转移到狗或马身上，这并不是贬低自己的父亲。直到长大，儿童才会与动物逐渐疏远，以至于用动物的名字诋毁别人。

而我们都知道，就在半个多世纪以前，查尔斯·达尔文及其同事，以及许多前辈的研究终结了人类的上述看法。在这些前辈看来，人与动物并无差别，人类的存在并不优于动物。他们还认为，人类自身起源于动物种群，并且与动物成员之间的关系各有亲疏。此后，人类的演化，无论在身体结构，还是精神倾向上，并没有抹杀人与动物等同的证据。这是来自生物学的，对人类自恋的第二次打击。

（c）第三次打击，其本质上是心理上的，也可能是最具伤害性的一次。

此时的人类在外部关系中十分卑微，但还是感到自己在灵魂中是至高无上的。在自我（ego）中心的某处，人类发展出了一种观察器官，以监视自己的冲动和行为，并确保它们符合该器官的要求。如果不符合要求，冲动和行为将被无情地禁止与撤销。人的内在知觉和意识，将大脑在工作中出现的所有重要事件信息报告给自我，而意志由这些报告启动，并执行自我引导和调节的任务，且倾向于独立完成这一切。然而灵魂并没那么简单，相反，它是一个有着上下级代理关系的等级体系，是一座满是冲动的迷宫。这些冲动各行其是地朝着行为奔涌，与本能的多样性和与外部世界的关系相对应。其中许多冲动是相互对立、互不相容的。为了该体系的正常运作，体系中的最高等级代理必须了解每一条正在进行的工作路径，并使最高意志贯穿始终以发挥其影响力。而自我对它收到的报告以及意志执行命令的渠道的完整性和可靠性是十分放心的。

在某些病症，包括我们专门研究的神经症中，情况却有所不同。自我感到了不安，它在自己的居所（大脑）中，发现了自身力量的极限。有的想法突然出现，意识却不知道它们从何而来，更不知道如何赶走它们。这些不速之客似乎比那些听从自我指挥的宾客更有力量，它们抗拒意志所制定的一切本应行之有效的措施，对合乎逻辑的反驳无动于衷。即使受到现实的反驳，它们也拒不接受。更有甚者，冲动会将自己装扮成陌生人，以至于自我根本不承认这些冲动与自己有关；然而自我又必须有所忌惮，并采取防御措施。自我向自己告诫道："这是一种疾病，是一种外来入侵。"于是自我提高了自己的警觉性，但无法理解自己为何感到没来由的瘫软。

诚然，精神病学并不认为神经症性障碍的出现意味着外在的恶灵侵入了我们的大脑；然而，除此之外，它也只能无力地说道："这是一种退化，是一种遗传偏向，是一种体质的卑劣！"精神分析开始对这些可怕的障碍进行解释；它展开谨慎而艰苦的调查，设计假说与科学方法，直到最终，它有资格对自我说："你并没有受到任何的外部入侵，你自己大脑活动的一部分，已经从你的知识和意志的命令中脱离了出来。这也是你的防御如此不堪一击的原因，你正用自己的一部分力量与自己的另一部分力量战斗，因此无法像对付外部敌人那样，集中全部的精力。而这些与你分庭抗礼、想要独立于你的部分并不是你心理力量中最糟糕或最没用的。我必须告诉你，你自己该对此负责。你高估了自己的力量，认为自己可以随心所欲地利用你的性本能，可以完全无视它们的诉求。结果性本能奋起反抗，秘密谋划了自己的道路，以摆脱来自你的压迫。它们以一种你不能制裁的方式相要挟，争取自己的权利。你并不了解它们是如何做到这一点，或是以什么手段达到自己的目的的；你知道的不过是它们工作的结果，这构成了你目前遭受的痛苦。于是，你便拒不承认它们是你自己冲动的产物，那些冲动被你拒绝，你也不知道它们正是这些冲动的替代性满足。

“然而，这整个过程只有在一种情况下才成为可能，那便是你在另一个重要的问题上也同样犯了错误。你对头脑中发生的一切事情都深信不疑。但凡有重要的事情，意识就会报告给你。但如果你的头脑中没有听到任何特别之事的报告，你就会自信地认为它其实并不存在。事实上，你甚至认为整个‘头脑’与‘意识’是共存的，也就是说，意识就是头脑中的一切。尽管已有明显的证据表明，你头脑中正在进行的事情，要远远多于进入你意识中的事情。

好了，来吸取一点教训吧。你头脑里的东西和意识到的并不一样，一件事是否在你脑海中发生，与你是否听到它的报告根本就是两码事。我承认在通常情况下，到达你意识中的情报已经能够满足你的需要。你可能会怀有这样的错觉，认为自己已经领会了所有重要信息。正如前面我所描述的，本能之间产生了冲突。某些情况下，你的情报部门崩溃了，此时你的意志就不会超出你的知识范围了。然而，在任何情况下，到达你意识中的消息都是不完整的，且往往并不可靠；而且通常而言，只有当一切都结束了，当你对事情的改变无能为力时，你才会知道到底发生了什么。即使你没有生病，又有什么能将你内心知晓与不知晓的一切都道尽呢？你的行为就如同一位绝对的君主，仅仅满足于最高官员提供的信息，从来不会深入民间，听听群众的声音。你该向自己灵魂的深处探寻，先学会了解自己，接着你就会明白为什么这种症状一定会降临到自己身上，也许你从此便与病症告别了。”

因此，精神分析希望能教育自我。但上述的两个发现——一是性本能的力量不可能完全限制，二是心理过程本身是无意识的，信息只有通过不完整和不可信的感知才能到达自我的地方，并受到自我的控制——相当于声明了一点，即“自我并非自己房间的主人”。这两个发现共同表现了人类的自恋所受的第三种创伤，我将其称为心理学的创伤。因此，也难怪自我对精神分析毫无好感，并且始终拒绝相信它。

也许会有人觉察到，对无意识心理过程的认识，对于科学和生活有重大意义。但这样的人很少。不过我们要赶紧补充一句，并不是精神分析首先注意到这一点。一些颇负盛名的哲学家或许是这一领域的先驱者。第一位伟大的思想家叔本华，他的无意识中的“意志”就可等同于精神分析中头脑中的本能。而且正是这位思想家，用令人难忘、感人肺腑的言辞告诫人类，他们的性渴求是多么重要，而这些话如今仍然受到人们的贬损。

精神分析唯一的贡献是，它没有在抽象的基础上肯定这两个命题——头脑中性活动的重要性以及心理活动中的无意识对人类自恋造成的伤害。而是将这一问题触及每个人的个体并且迫使每个人都对这一问题表明态度，通过这种方式去证明它。不过，正是因为这个原因，精神分析才引起了人们的反感和对抗，也让人们对其研究者与伟大哲学家的名号，仍然保持着一种敬而远之的态度。

目录

CONTENTS

第三章 恋爱

第四章 死亡

第一章

艺术

米开朗琪罗的摩西像

（1914）

我需要立即声明，我不是艺术鉴赏家，只是个门外汉。我经常注意到，艺术作品的主题比它们的形式和技巧对我更有吸引力。尽管对艺术家来说，艺术作品的价值首先在于其形式和技巧。我无法准确地欣赏艺术领域使用的许多方法及其取得的成果。我之所以这样说，是希望读者宽宥我在这里做出的尝试。

然而，艺术作品确实对我产生了巨大的影响，尤其是那些文学和雕塑作品，绘画作品则在其次。因此，当我对这些作品进行思考时，我花了大量时间阅读和欣赏它们，尝试着用自己的方式来理解它们。也就是说，我要向自己解释，它们因何对我产生影响。而我在有些领域，比如音乐方面就做不到这一点。因此我几乎无法从音乐中获得任何乐趣。我内心存在某种理性主义，或者说是某种理性分析的心态。在我不知道自己为什么会受影响，也不知道影响之物为何之前，我是拒绝被一件艺术作品打动的。

这让我认识到了一个显然自相矛盾的事实，即在我们的理解中，一些最伟大、最具影响力的艺术创作，恰恰仍有许多未解之谜。我们钦佩并敬畏这些作品，但却完全无法说出它们对自己而言意味着什么。我没有查阅足够的资料来了解这一事实是否已被提及，也许确实，一些美学评论家已经发现，当一件艺术作品要呈现最伟大的效果时，让人产生智力上的困惑状态是件必要的事。当然，我极不相信这种必要性的存在。

我并不是说，鉴赏家与艺术爱好者在向我们赞美这些作品时会词穷。在我看来，他们的口才已经足够好了。但通常而言，在一件伟大的艺术作品面前，人们往往能各抒己见。而当谦逊的读者或观众对仰慕的作品有所疑问时，却没有一个人能解答疑惑，侃侃而谈。在我看来，唯有艺术家本人的意图成功地表现在了他的作品中，并且传达给了我们，他的作品才足以有力地吸引我们。我意识到，这不仅仅是智力理解上的问题，艺术家的意图在于唤起我们心中同样的情感态度，唤起我们同样的心路历程。正是这种情感态度和心路历程让艺术家产生了动力，驱使他去进行艺术创作。但是，为什么艺术家的意图不能像精神生活中的其他事务一样，通过语言来进行表达和理解呢？对于我们所关心的伟大的艺术作品，如果不使用精神分析，或许就无法解答这一问题。如果一件作品真的是艺术家的意图和情感活动的有效表达，那作品本身就必须能够经受住这种分析。不过，要想发现艺术家的意图，我必须首先找出他的作品所表达的意义和内容。换句话说，我必须首先能够解释它。因此，一件艺术作品首先需要被解释。只有阐明了作品，我才能知道自己所感受到的、如此强烈的感染力因何而起。

我甚至满怀希望，即我们成功地对作品进行分析之后，它的感染力也不会减弱。

让我们来看看莎士比亚的杰作《哈姆雷特》，这是一部至今已有三百多年历史的戏剧。我一直密切关注着那些颇具精神分析意味的文本，并且我接受其中的观点，即只有悲剧素材被条分缕析，最终追溯到俄狄浦斯的主题时，《哈姆雷特》的神秘感染力才能最终得以解释。而在这之前，针对主人公的性格与剧作家的设计，人们的解读是如此迥异而充满矛盾！莎士比亚是在呼吁我们同情一个病人，同情一个无能的懦夫，还是同情一个对现实世界充满善意的理想主义者呢？多少类似的解释都不能打动我们，它们太过冷漠以至于无法解释这部戏剧带给我们的影响，反而逐渐使我们形成了这样一种观点:《哈姆雷特》这部戏剧的神奇魅力仅仅在于它发人深省的思想和华丽的辞藻。但是，我们对戏剧感染力形成原因的努力求索本身，正说明了这样一个事实，即我们有必要在戏剧之外发掘出更多的力量源泉，而不仅仅是现在争论的这些。

还有一件奇妙的艺术作品，它同样令人费解。这件作品是米开朗琪罗雕刻的大理石摩西雕像。它保存在罗马的圣彼得镣铐教堂中。正如我们所知，这只是艺术家们为权倾一世的教皇尤利乌斯二世建造的巨型陵墓中的一小部分。每当读到对于这座雕像的称赞，我都会很高兴。比如赫尔曼·格林将其誉为“现代雕塑之冠”。从来没有哪一件雕塑像摩西像一样，给我留下更深刻的印象。我无数次爬上科尔索加富尔恼人的陡峭阶梯，走进蛮荒之地上孤零零矗立着的教堂，试图领会摩西像那愤懑而又轻蔑的目光！有时候，我小心翼翼地从半明半暗的教堂之中走出来，仿佛我自己就是雕塑的眼睛所注视着的那群乌合之众中的一员。那群乌合之众没有坚定的信念，没有信仰，也没有耐心，只有当那虚幻的偶像归来，它们才会欢呼雀跃。

可我为什么要说这座雕像令人费解呢？毫无疑问，这座雕像表现了摩西的形象。摩西是犹太人的立法者。在这座雕像中，他手里拿着刻有《十诫》的法版。但是，仅仅这一段是能够肯定的。就在不久前的1912年，艺术评论家马克斯·索尔兰德特就说过："这座长着像潘神山羊角样貌的摩西像，世界上没有任何一件艺术品能像它那样，受到如此各异的评价。仅仅就这一形象的解读，就引发了完全对立的观点……"在此，我会以一篇五年前发表的文章为基础，首先阐述与摩西这一形象有关的谜团。不难看出，这些形象背后的谜团，隐藏着对理解这幅艺术作品而言，最重要和最有价值的东西。

一

米开朗琪罗将摩西刻画为坐姿。他的身体朝前，头和浓密有力的胡子一同面向左边。他的右脚放在地上，左腿抬起，只有脚趾接触地面。他的右臂和一部分胡子与刻着《十诫》的法版相连，而他的左臂放在大腿上。要详细地描述他的姿态，我首先要解释自己为何要做如下论述。顺便说一句，不同评论家对这个姿势的描述都有让人惊奇的不贴切之处。他们对尚未理解的东西进行了不准确的感知和重述。格林如此描述摩西的右手："他的右臂下面压着刻有《十诫》的法版，而右手抓着胡子。"吕布克也如是说："他剧烈颤抖着，用右手抓着他那华丽仿若流淌着的胡须……"而斯普林格说："摩西将一只（左）手按在身上，而另一只手似乎无意识地插进了浓密的胡须中。”贾斯蒂认为他的手指（右手）正摆弄着胡须：“现在看来，仿佛一个激动的当代人不停摆弄表链一样。”蒙兹将重点放在了摩西对胡子的把玩上。索德谈道：“雕像右手的姿势平静而坚定，摩西将右手放在法版上，而法版倚着他的身体。”索德没有像贾斯蒂和博伊托那样发现任何激动的迹象，即使是在右手上。“那只手仍然抓着胡子，其姿势与这位巨人将头偏向左边之前一样。”雅各布·布克哈特批评道：“雕像那鼎鼎有名的左臂实际上只起到了将胡须压在身上的作用。”

如果仅仅是描述的不一致，我们就不会惊讶地发现，人们对于雕塑各种特征的含义存在着不同的看法。在我看来，对摩西面部表情的最佳描述莫过于索德。索德从这座雕塑中读到了“一种愤怒、痛苦与轻蔑的混合”，“摩西像那惊恐的皱眉中充满愤怒，他的眼神里蕴藏痛苦，而突出的嘴唇和下撇的嘴角中满是轻蔑”。但这座雕像的其他仰慕者又带有另一种眼光。杜帕蒂说：“摩西像那威严的眉毛仿佛一片透明的面纱，将他的伟大思想半遮半掩。”与此相对的，吕布克则宣称：“如果想在摩西像的头颅上寻找更高智慧的表达，是徒劳的；他下垂的眉毛，蕴藏了一种无限的愤怒和强有力的能量。”吉尔玛对面部表情的解释更为独特。他没有从雕塑中看出任何情感：“只有一种质朴的骄傲，一种振奋的尊严，一种永不枯竭的信仰。摩西的眼睛看到了未来，他预见了他的子民生生不息，他的律法永恒不变。”同样，对蒙兹来说，“摩西的眼神远远超越了人类的视野范围，他看到了只有他一个人知晓的秘密”。事实上，对斯坦曼而言，这位摩西“不再是严厉的立法者，不再带有耶和华的愤怒，不再是罪愆的可怕敌人；而是王的神父，他永远仁慈而又先知，额头上映射着永恒的思想，向他的子民作最后的告别”。

甚至一些评论家非常坦诚地承认，自己对米开朗琪罗的摩西像并没有什么看法。比如，在 1858 年的《评论季刊》中，一位批评家说道：“总体而言，这座雕像的意义是缺失的，它并不能提供一种整体自洽的观点……”更令人惊讶的是，有的评论家认为摩西像并没有什么值得赞赏之处，他们甚至反感这座雕像，抱怨其人物及兽角形象雕刻得过于凶残。

那么，大师之手是否真的在石头上刻画出了如此含混不清、模棱两可的图像，以至于让这么多不同的解读成为可能？

而另一个问题也出现了，它与第一个问题息息相关。米开朗琪罗到底是想在摩西身上创造一种“性格与气质的永恒课题”，还是刻画了他生命中的某个特殊时刻，或者说，是一个非常重要的时刻？大多数评论家同意后者的看法，并且告诉我们，艺术家正是选择了摩西人生经历中的一段不朽时刻，将其刻在了石头上。此时摩西从西奈山上下来，在那里，他收到了上帝所赐刻的《十诫》，此时他看到人们为自己打造了一头金牛犊，并围绕着它跳舞和欢呼。这便是摩西目光所及的场景，正是这一场景唤起了他脸上被描画出的情感，并且瞬间之后，这些情感就会在其原本高尚的心境中激起剧烈的波动。米开朗琪罗正是捕捉到了这最后的犹豫时刻，将自己所雕塑的人物在暴风雨前的平

米开朗琪罗的摩西像

静时刻的形象进行塑造。而在接下来的一瞬间，摩西将纵身而起，他的左脚已经离地。接着，他将把《十诫》扔到地上，将怒气发泄在那些背信弃义的子民身上。

接下来，我们会看到，在支持这种解释的评论家之间，又存在不同的个人意见。

雅各布·布克哈特如此写道：“雕像表现的似乎是摩西看到人们对金牛犊的崇拜，并且脚尖离地快要站起的那一刻。摩西富有生机的形象被一场浩大的运动激发，他那天赋异禀的强健身体让我们等待着畏惧和震颤的那一刻到来。”

而吕布克说：“就在这一刻，摩西如炬的目光似乎觉察到了崇拜金牛犊的罪恶，汹涌澎湃的情绪贯穿了他的整个身体。他猛烈地颤抖，用右手抓着他华美而飘逸的胡须，仿佛要按捺住即将发作的自己。然而在下一瞬间，他的愤怒将更彻底地爆发。”

斯普林格也同意这一观点，但他提及一个疑虑，本文后面将对此展开关注。斯普林格说：“心有烈焰，激荡怒火，这让主人公按捺不住自己内心的情感……因此，我们不由得想起了一个戏剧性的场景，我们有理由相信，雕塑表现的是摩西在看到以色列人民膜拜金牛犊时，怒火中烧，准备发作的那一刻。然而，这样的形象要与艺术家的真实意图相契合，并非一件易事，因为摩西的形象与教皇陵墓上部的其他五个坐像一样，主要起到装饰的作用。但它又十分有力地证明了摩西形象所表现出的活力和个性。”

还有个别评论家，虽然没有全盘接受雕像表现的是摩西看到人们崇拜金牛犊一说，但还是同意其主要观点，即摩西即将站起来，愤怒即将发作。

根据赫尔曼·格林的说法：“（摩西的）形象充满了一种威严，一种自我意识，一种天雷都要听候他指挥的感觉，然而在释放这一切之前，他还在克制自己，等着看自己要消灭的反对者们是否有勇气攻击他。他坐在那里，仿佛要站起身来，骄傲的头颅高高架在肩膀上。他胳膊下夹着法版，手抓住散落在胸前的美髯。他鼻孔张得很大，嘴唇仿佛是在颤抖。”

希思·威尔逊说，摩西的注意力正被某种东西激发，他快要跳起来了，却仍有犹豫。他那夹杂着轻蔑和愤怒的眼神，仍然保持着柔和慈祥。

沃尔夫林谈到了“抑制的运动”。他说，这种抑制源于这个人（摩西）自身的意志力。这是他放任自我跳起来之前，最后的自我控制。

就雕像所表现的摩西看到金牛犊时的内心情绪，贾斯蒂解释得最为深入。他指出了一个迄今还未被他人观察到的细节，并将其纳入了自己的假设。贾斯蒂将我们的注意力引向了两块法版所雕刻的位置，这个位置确实不太寻常，因为它们即将滑到石座上。“因此，（摩西）可能正看向一片喧嚣之处，他从中预感到邪恶将至，或者已经实实在在看到了邪恶的景象，这给了他一个晴天霹雳。他大惊失色、浑身颤抖、瘫倒在地。[1]他在山上住了四十个昼夜，已经十

---

[1] 应该指出，仔细地处理坐像膝上的披风，就使得贾斯蒂的这一观点难以成立。相反，这种处理我们可以如此假设：摩西先是从容地坐着，后来才突然受到惊动。

分劳累。恐怖、命运的巨变、罪恶甚至幸福本身，都可以在一瞬间被察觉，但人们却无法把握其本质、深度或后果。有那么一瞬间，摩西觉得他的一切努力都前功尽弃，他对他的子民感到绝望。在这样的时刻，他内在的情感不由自主地通过细小的动作流露出来。他让刻着《十诫》的法版从右手滑到石座，它们被挤到身子一侧，被他的前臂抵到身旁。然而此时，他的手触到了胸膛和胡须。因此，在头部转向观众的右侧时，他的手便将胡须向左拉了。男性的胡子一般左右对称，但雕塑中的手打破了这一对称。摩西的手指看上去像是在摆弄自己的胡须，现在来看，仿佛一个焦躁不安的人正在玩弄他的表链一样。他的左手被衣服盖住，搭在下半身上。按照《旧约》的记载，内脏（摩西手指盖住的部分）是情感之所在。他的左腿已经后撤，右腿前跨。只要一瞬间，摩西整个人就会跳起来，他的心理能量将从感觉转化为行动，他会移开右臂。法版会落到地上，有罪的子民必须流血才能得以赦免……”“这还没有到全身最绷紧的时刻，摩西还在遭受精神上的痛苦，几乎已经瘫痪。”

弗里茨·纳普所持观点与之完全相同。他没有从描述的一开始就提到那个疑点，而是将法版滑下去的观点往前推进了一步。纳普说：“此前，摩西和上帝还单独在一起。此时，他已经被尘世的喧嚣分了心。他听见了喧哗声，舞蹈和歌唱的欢呼声让他从梦中惊醒。摩西移动目光，将头转向喧哗的人群。在那一瞬间，恐惧和难以抑制的盛怒贯穿了他魁梧的身躯。法版开始向下滑落，当他一跃而起，用愤怒如雷鸣般的声音向堕落的子民大吼时，法版就会掉在地上，摔得粉碎……这是艺术家捕捉到的最具有紧张感的一刻……”因此可以说，纳普强调了愤怒将要爆发时动作的准备要素，他并不同意雕塑所表现的是主人公对过度激动的情绪试图加以抑制的场景。

不可否认的是，贾斯蒂和纳普对雕像所做的解释，有一些格外吸引人的地方。因为这些解释并不纠结于形象的总体效果，而是基于雕像的某些局部特征；我们通常没有注意到这些特征。它们被我们对雕像的总体印象盖过，变得毫无存在感。摩西的头部和眼睛都明显转向左侧，而身体却朝着前方，这支持了两位评论家的观点。也就是说，正在歇息的摩西突然被进入眼帘的事物吸引了注意力。他抬起的脚，除了意味着准备一跃而起，几乎别无他解。[1] 而他放置《十诫》法版的方式也非同寻常（因为它们是最神圣的物件，不会和其他物件一样，被随意放在雕塑的结构中），因此我们可以认为，原本法版是在摩西手里拿着的，现在因为他激动的情绪而滑落，正要掉到地上。根据这一观点，我们应该相信，这座雕像代表着摩西一生中某个特殊而重要的时刻。毫无疑问，我们也应该深知这是哪一时刻。

但是索德用两句话就驳斥了我们自以为得到的理解。这位评论家说，法版并没有滑下来，而是“牢牢地卡在了那里”。他注意到，“摩西右手的姿势平静而坚定。他将右

[1] 尽管在美第奇礼拜堂中，朱利安诺那令人放松的坐像的左脚也是抬离地面的。

手放在法版上”。如果仔细考证一番，我们就会毫无保留地承认索德是对的。雕像中的法版放置得很稳当，并没有滑下来的危险。摩西的右手似乎支撑着法版，也可以说，法版支撑着摩西的右手。虽然这种说法并没有说明法版的具体位置，但是，贾斯蒂与其他评论家的解释，并不能以错误的观察为基础。

而第二个观察结果则更加确凿。索德提醒我们：“这座雕像原本被设计为六个人物中的一个，这六个人都是坐着的。而这两个事实，都与米开朗琪罗意在记录某个特定历史时刻的观点相矛盾。就第一个事实而言，作者计划将六个人表现为人类的六个不同典型境况，如积极生活和沉思生活，因此不可能是对特定历史情节的表现。至于第二个事实，就这件不朽之作所表现的意境来看，坐姿是摩西必须呈现的姿势，这也与摩西从西奈山下来进入营地的故事矛盾。”

如果我们接受了索德所提出的反对意见，我们会发现自己也可以为该意见贡献一份力量。摩西的雕像本来是与其他五座雕像（在后来的草图中是三座）一起，装饰陵墓的基座。与其直接对应的就是保罗的雕像。而另一对，代表积极生活与沉思生活的利亚和拉结[1]的雕像则是站着的，事实的确如此。它们已经被雕塑在陵墓周围，至今以令人悲哀的残破造型存在着。因此，摩西像本是一组整体雕像中的一个。我们无法想象，这一雕像是为了唤起观众某种

[1] 利亚（Leah）和拉结（Rachel）是《圣经》中的人物。

期望，即摩西会立刻从座位上站起来，冲出去亲手制造一场骚乱。如果艺术家并没有将这组雕像里的其他雕像表现为即将采取激烈的行为（这似乎不太可能），那么如果有一座雕像表现的是意图离开自己的位置和同伴，便会给我们留下一个极差的印象。这实际上是放弃了这座雕像在宏大构图中承担的角色，这样的设计会产生混乱。除非事实确凿，我们不能如此指控一位伟大的艺术家。如果雕塑的是一个人即将起身离开的样子，就会与陵墓带给我们的整体心境产生分歧。

因此，摩西的形象不应该被看作抬起脚即将跃起。他必须保持坐姿，因为他正在庄重地静息。这与其他几个形象，以及教皇的造型一样（但教皇的雕塑并非米开朗琪罗所创作）。这样一来，我们眼前的这座雕像就不可能是满怀愤怒之人，其描述的也不可能是摩西从西奈山下来，发现他的子民失去了信仰，于是将刻着《十诫》的法版摔得粉碎的情景。事实上，我还能回想起自己的幻灭体验，那是我第一次到访这座教堂的时候。我曾经坐在这座雕像前，期待着雕像中的摩西将要抬起脚，把刻着《十诫》的法版扔到地上，让他的愤怒尽情释放。但这一切都没发生。相反，我看到这座石像越发不能动弹，散发着一种几乎令人窒息的庄严平静。我不得不意识到，此处要表达的东西或许亘古不变。这个摩西或将永远如此，静坐在熊熊怒火之中。

如果我们必须放弃之前对雕像的解读，即这座雕像表现的是摩西在看到金牛犊时即将爆发愤怒的一瞬间，我们就别无选择，只能接受某种假设，即把这座雕塑看作对摩西性格的研究。索德的观点似乎最不武断，并且与摩西即将采取行动的含义最为接近。他说："在这里，他（米开朗琪罗）一如既往地关注某种类型的性格代表。他创造了一个充满激情的人类领袖的形象，摩西意识到自己作为立法者的神圣使命，遭遇了人类不可理喻的反抗。如果一个人在此时采取行动，不外乎是强调自己的意志力，而这种行动是通过其表面的整体平静而蔓延开的。我们从雕像中所看到的转动的头、紧张的肌肉以及左脚的位置，在佛罗伦萨美第奇礼拜堂的一件名为'行动者'的雕像中也有同样突出的印记。这类形象的共同之处在于，雕像的性格特征通过强调冲突进一步增强，即强调一位天才改革者和平凡人类之间必然发生的冲突。摩西身上愤怒、轻蔑和痛苦的情绪是很典型的，没有这些情绪，就不可能显示出这一类超乎凡人的本性。米开朗琪罗创造的不是某个历史人物，而是一种人物类型，体现了一种无穷无尽的内在力量，正是这类人物将这个倔强的世界驯服。米开朗琪罗不仅为《圣经》中的摩西赋予了艺术表现形式，也在雕塑中表现了他自己的内在体验，而且我相信，这也是艺术家对教皇尤利乌斯的个性以及萨伏那洛拉[1]身上永恒冲突的潜在源泉所赋予的艺术表现形式。"

这一观点可能与奈克法斯的论述有关，他认为摩西像所创造的效果的最大秘密就在于，他内在的激情和外在的

---

[1] 吉洛拉谟·萨伏那洛拉（Girolamo Savonarola），十五世纪后期意大利宗教改革家。领导平民赶走美第奇家族，恢复佛罗伦萨共和国。

冷静之间的艺术对比。或许我们需要进一步发掘摩西像这一英雄角色的姿态里所蕴含的心理状态，从而发掘这种“外在”冷静和“内心”激情之间更紧密的对照关系。

二

早在我有机会听说精神分析之前，我就了解到艺术鉴赏家伊万·莱蒙列夫在欧洲的美术馆藏领域引发的一场革命。他质疑了许多画作的来历，展现了如何让人信服地区分复制品和原作，并为那些作者真实性已经受到怀疑的画作假定了创作者。他坚持认为应该将注意力从一幅画的总体印象及主要特征上转移开，而转向小细节上，比如指甲、耳垂、光晕等琐碎细节。莱蒙列夫认为，临摹者在模仿时可能会忽略具体细节，但每位艺术家都会以自己独特的方式处理。此后，我以极大的兴趣了解到，伊万·莱蒙列夫只是这位鉴赏家的俄国笔名。他的真实名字叫莫雷利，是一名意大利医生。莫雷利于 1891 年去世，曾担任过意大利参议员。在我看来，莱蒙列夫这种调查方法与精神分析技术密切相关。两者习惯于关注神秘的事物、被掩盖的东西，以及无意识或未被注意的细节，它们通常要么被丢在垃圾堆，要么被我们弃置于观察之外。

在摩西像中有这样两个细节，目前为止不仅没有引起人们的注意，而且实际上还没得到恰当的描述。它们分别是雕像右手的姿势以及两块法版的位置。我们可以这么说，这只右手处于《十诫》法版与愤怒的主人公的胡须之间，它们形成了一种非常独特且不同寻常的联系，这种联系需要得到解释。据人们描述，摩西用手指划过胡须，一绺一绺地拨弄着它们，而手臂外沿靠着法版。但事实显然并非如此，他右手手指的动作值得更进一步观察，右手与浓密胡须的接触值得更详尽的描述。

现在我们非常清楚地看到了以下情形：摩西右手的大拇指被遮住，我们只能确认他的食指和胡须有接触。胡子被食指紧紧压住，上下的须发，即分别靠近他头部与腹部的胡须都因此鼓了出来。这就是说，雕像的头发被压得太深了，以至于毛发在上面和下面都凸了出来。另外三根手指撑在胸膛上，上部的指关节弯曲着，它们几乎没有碰到那绺垂落下来的、最靠近右手的胡子。可以说，这几根手指自发避开了胡子。因此，说他的右手在摆弄胡须，或者扎进胡须，都是不对的。事实很简单，就是摩西的右手食指压在一部分胡须上，压出了深深的凹痕；而只用一根手指压住胡须，无疑是一种非同寻常的手势，这种手势并不容易理解。

摩西那广受赞美的胡须从他的脸颊、下巴和上嘴唇上倾泻而下，浓密繁盛、随风飞扬，胡须四散开来，根根分明。最右边的一绺，从脸颊开始长出来，一直向下倾斜，直到被手指压住而止。我们可以假设，它会在那根手指和被挡住的拇指之间恢复原来的下垂状态。因为左脸颊对应的一绺，几乎不受任何阻碍地直接落在他的胸口。最不同寻常的是，左侧这绺的后面还有一大团头发，也就是这绺头发和中线之间的部分。雕像的头部向左转动，它依旧岿然不动。它被扯松成一团，仿佛一个卷轴的一部分，横在胡须右侧与内部的头发之间，而这是因为它被右手食指的压力牢牢箍住了，尽管它是从左侧脸颊长出来的，它实际上是整个左侧胡须的主体部分。因此，胡须的主体部分被抛向雕塑右侧，而摩西的头部则急剧向左转。在头发被右手食指压进去的地方，头发就成了一个旋儿。左右两边的几绺头发互相交叠，两绺头发都被那根专横的手指夹住了。大量的须发在此处偏离了本来的轨迹，接着再度被放开而直直垂下，直到它们的末梢汇聚在摩西那摊开放在膝盖上的左手中。

我并没有幻想我会描述得很清楚，也不能确定雕塑家是否真的邀请我们去解开雕像那一团须发的谜题。但撇开这点不谈，右手食指的压力确实主要影响着左侧的须发；而这种偏斜的抓法，避免了左侧的须发随着头部和眼睛向左转动。现在我们可以发问了，这种安排到底意味着什么，它存在的动机到底是什么？如果真的是出于线条和空间设计方面的考虑，雕塑家才将向下垂着的茂盛须发安排到右侧，而使人物向左边看去，那么为了实现这个动作，仅凭一根手指去压住胡须是多么不合时宜啊！况且，不管出于怎样的原因，谁又会因为想把一侧的须发揽到另一边去，而用一根手指的压力将自己的头由一侧转向另一侧呢？然而，或许这些极其微小的细节在现实中根本不算什么，或许我们只是在为那些创造者根本不以为意的事情绞尽脑汁吧。

那么，让我们来假设，即使细节琐碎如此，也有其意义。这里有一个解决方案能够消除我们的困难，并让我们看到新的含义。如果摩西的左侧胡须确实受压于右侧手指，也许我们可以把这个姿势看作他的右侧手指和左侧胡须之间曾经发生过某种接触的最后阶段。这种接触在雕塑家选择将这个动作表达出来之前，要更为紧密。也许之前摩西的手曾更用力地抓着胡须，并且一直伸向胡须的左侧；而当他的手回落到雕像现在所示的位置时，一部分胡须便随之而动。这些动态的胡须证明了刚刚发生的这一动作，卷曲的样子显示着这只手的运动轨迹。

这样我们就可以推断出，摩西的右手有一个后退的动作。这一假设必然又会引出其他假设。在设想中，我们将这一动作的场景补全。该场景由胡须的运动轨迹建立起来，这个动作则是场景的一部分；我们又很自然地回到了假设。据此，正在休息的摩西被其子民的喧闹和金牛犊的景象吓了一跳。我们猜想，摩西原本可能正平静地坐着，他的头正对前方，飘逸的胡须同样如此，自然飘荡，而他的手或许根本没有靠近胡须。突然，喧闹声震耳欲聋。摩西转过头去，目光朝向骚动的方向，将远处的景象尽收眼底。于是他激荡起怒火与愤懑，将要跳起来惩罚那些犯错的人，将他们全数消灭。他的愤怒虽然远未传到人群，却先激荡起了自己的身体。他的手已经急不可待，随时准备行动。他抓住随扭头而扬起的须发，用手指将其压在大拇指与掌间。这一姿势之有力、激烈让我们想起了米开朗琪罗的其他作品。此时事情起了变化，虽然我们并不知道经过和原因。摩西想迅速抽出伸进胡须的手，他那紧紧压住的食指也随即松开，但那根手指陷得实在太深，以至于抽离的过程中，左边一大片胡子被拽到了右边，这一片须发在一根手指的重压下，仍旧卡在右边头发的位置上。这根手指又是一只手中最长且最重要的。于是这个新的姿势流传至今，而我们想要了解这一情景，必须基于前面那个姿势。

让我们暂时停顿，整理一下思绪。我们假设，摩西的右手从一开始就离开了胡须；接着，在情绪极度紧张的时刻，他的右手伸向了身体的左侧，并且抓住了胡须；最后，右手又收了回来，还将一部分胡须带了回来。我们已经妥善分析了雕像右手的动作，就好像我们可以自由调遣它一样。但是我们真的可以这么做吗？那只手真的如此自由吗？它绝对没有拿着《十诫》的法版，或是支撑着法版吗？这种画蛇添足的推断，岂不是违背了这只右手的重要功能？此外，如果如此强大的内心动机导致了摩西像的右手发生了位置转移，又会是什么原因导致其缩回来了呢？

这里的确出现了一个新的难题。不可否认的是，摩西像的右手对法版是有支撑作用的；而且我们也没有发现足够的动机来解释这只手的缩回。但是，如果这两个难题能够同时得到解决，在此基础上，并且只有在此基础上，能够把事物之间的联系清楚地表现出来，那会怎样呢？如果恰恰是因为刻着《十诫》的法版上发生了什么，因此解释了右手的动作，那又会怎样呢？

如果观察一下图 1 的描画，我们将会看到两块法版呈现出一到两处迄今为止未被我们注意过的显著特征。有人说雕像的右手是放在法版上的，也有人不止一次地认为正是雕像的右手支撑着法版。我们可以看见，这两块法版边沿向下，平行地竖立着。要是我们仔细观察，会注意到法版的底边和顶边的形态不尽相同。法版的顶边是直的，而底边却在最靠近我们的地方有一个角状的突起，正是法版上的这个凸起触碰到了底座。这个细节又有什么意义呢？就雕塑本身而言，我们没理由怀疑这个凸起是为了标记《十诫》法版的上半部分。这种长方形的刻字法版，只有上边沿会有弧形或者缺口。因此我们可以看出，法版的位置是颠倒的。艺术家如此雕刻神圣器物，是一种怪异的方式。两块法版头朝下立着，几乎平衡地立在画面角落。作者是基于怎样的考虑雕刻了它？或者说，这个细节对大艺术家米开朗琪罗来说，是否重要？

图 1

我们开始形成这样一种看法：法版也是由于右手的前一个动作而变成了现在的状态，而这一动作也是由我们所推断出的右手的位置变化得来的。接下来发生的是，法版反作用于雕像的右手，让它向后移动。雕像的右手和桌子的运动或许是以这种方式相互协调的：

一开始，摩西的形象是一种安静的坐姿，法版竖直地被他捧在右臂上。摩西的右手抓着法版的底边，还在其前端的突出位置找到了一个握柄。这种拿法分明更加方便，这也充分说明了法版在雕塑中的位置是上下颠倒的。接下来的这一刻，摩西的平静被远处的骚乱打破了。他转过头面向喧嚣。当他看到远处的景象时，他抬起脚准备起身，他的手放开了法版，向左上方胡子的方向甩开，仿佛要把激烈的情绪投向自己的身体。如此一来，法版需要承受手臂带来的压力，摩西的手臂紧紧地把它们压在身体一侧。但手臂无法稳稳压住法版，于是法版开始朝前面滑下去。法版的顶边本来是水平的，现在开始朝前倒下；底边则失去了支撑力，其上的那个凸起正渐渐靠近石座。下一刻，法版就会继续旋转，以那凸起为新的支撑点，朝向前面的顶边撞到地上，被摔得粉碎。正是为了防止这种情况发生，摩西才将右手后缩并放开胡须，但胡须的一部分也被无意中拉了回去。右手及时触到法版的顶边，抓住了靠后的一个角，此时那个角已经成了法版的最高点。这就是为什么，胡须的一部分被无意中拉了回去，右手及时地碰到了法版的顶端，并抓住了靠近后角的地方。因此胡须、右手和倾斜的法版所构成的这种氛围异常拘束的整体，其形成可以追溯到右手一个冲动之下的动作，及其水到渠成的后果。如果我们希望扭转这些狂暴动作产生的后果，就必须抬起法版的前上角并将其向后推，从而将它的（有凸起的那个）前下角从石座上抬起来；然后放下摩西的右手，将其托在水平放置的法版底边之下。

我从一位艺术家的手中得到了三幅草图用以阐明我的意思。图 2 表现了雕塑的实际状态，图 3 和图 4 根据我的假设表现了雕像中的动作之前的阶段：

图 2

图 3

图 4

第一个阶段是平静自若的状态，第二个阶段则充满高度的紧张感。在第二个阶段中，雕像的人物正准备一跃而起。由于摩西此时已经放开握着法版的手，于是它们开始向下滑落。值得注意的是，现在补充的草图中的这两个姿势证明了早期评论家们的描述不准确。康迪维[1]与米开朗琪罗生活在同一时代，他说：“摩西是希伯来人的首领和领袖，其坐像是一位正在沉思的圣贤之人，他将刻有律法的法版夹在右臂之下，而左手托着下巴。他看上去充满了疲惫与忧愁。”在米开朗琪罗的雕像中，我们并不能看到这样的态度，但他几乎精准地描述了第一幅草图所展示的视角。吕布克与其他批评家却如此评论这座雕像：“（摩西）猛烈地颤抖，用右手抓着他华美而飘逸的胡须。”假如我们看到雕像真实的复制品，这种说法显然不正确。但对第二幅草图而言，这种说法却是正确的（见图 2）。正如我们之前

[1] 阿斯卡尼奥·康迪维（Ascanio Condivi）：意大利画家、作家，其所著的《米开朗琪罗传》（*Vita di Michelagnolo Buonarroti*），被认为是最早的米开朗琪罗传记之一。

谈到的，贾斯蒂和纳普观察到了法版即将滑落，有被摔碎的危险。而索德纠正了他们的看法，表明法版被摩西用右手牢牢握住。然而，如果贾斯蒂和纳普描述的并不是雕像本身，而是我们的草图所描述的再现摩西动作的中间阶段，那么他们的论述也没有错。似乎他们已经将自己从雕像的视觉形象中解放，下意识地开始了对雕像背后创作动机的分析。正是这种分析，使得他们的主张与我们契合，只是我们的行为更有意识，目的更加明确而已。

三

我想，现在是我们收获努力果实的时候了。我们已经见过太多批评家，他们感受到了这座雕像的强大影响力，就此认为雕像表现了摩西的怒火。摩西因为看到他的子民在恩典中堕落并围着偶像跳舞，因而激荡起愤怒。但我们不得不放弃这一解读，因为这会让我们抱着期待，想看见他在下一刻就一跃而起，打破宁静，完成复仇。但这样的认知与总体的设计并不一致。按照总体设计，摩西像与另外三个（或五个）坐像作为一个整体，他们共同组成了尤利乌斯二世陵墓的一部分。现在，我们或许可以重拾之前被放弃的那种解释。毕竟，在我们的重构下，摩西既不会一跃而起，也不会将法版从自己身边掷出去。由此，我们从这座雕像中看到的并非一个激烈行为的开始，而是一系列已经发生的动作的尾声。当摩西刚开始出离愤怒的时候，他就想要行动起来，忘记那块法版，开始复仇；但之后，他克服了冲动。现在，摩西只是继续坐着，全身凝聚着愤怒，以及痛楚的藐视。他也并不会将法版掷出去，以免它们撞在石头上。正因为考虑到《十诫》的特殊地位，摩西才压制住自己的愤懑；也正是为了保住法版，他才克制住自己的盛怒。在此前的愤懑与盛怒中，摩西肯定没有顾及法版，原本托住它的手也不自觉收了回去。于是法版开始向下滑，眼看就要被摔碎。这时，摩西回过神来，他铭记着自己的使命，没有让自己的情感肆意放纵。他的手因此回到了原位，失去支撑的法版还未滑落，就被摩西托了回来。在这样的态度下，摩西便保持着不动的坐姿。米开朗琪罗也任其保持着这样的姿势，将摩西描绘成了陵墓的守卫者。

如果我们从上往下看，摩西的形象表现出了三个截然不同的情感层次。雕像脸部的线条反映了逐渐成为主导的情感；雕像的中段展示了运动的肢体受压抑的痕迹；而他的腿脚则保持着准备运动的姿态。这就好像某种控制正从上向下蔓延。到目前为止，我们尚未提及摩西像的左臂，它看上去应该在我们的解释中有一席之地。摩西的那只手就放在他的大腿上，姿态温和，仿佛抚摸着飘动着的胡须末梢。这个动作似乎是为了将另一只手方才对待胡须的粗暴动作抵消掉。

但这里必须指出，这毕竟不是《圣经》中的摩西。《圣经》中的摩西真的勃然大怒，把《十诫》扔出去摔碎了。雕像中的摩西注定与其不同，这是一个艺术家所构思的新摩西的形象。

《圣经》中描述摩西身处金牛犊现场时的段落如下：

（《出埃及记》第三十二章，第 7 节）耶和华吩咐摩西说："下去吧，因为你的百姓，就是你从埃及地领出来的，已经败坏了。（第 8 节）他们快快偏离了我所吩咐的道，为自己铸了一只牛犊，向它下拜献祭，说：'以色列啊，这就是领你出埃及地的神。'"（第 9 节）耶和华对摩西说："我看这百姓真是硬着颈项的百姓。（第 10 节）你且由着我，我要向他们发烈怒，将他们灭绝，使你的后裔成为大国。"

（第 11 节）摩西便恳求耶和华——他的神，说："耶和华啊，你为什么向你的百姓发烈怒呢？这百姓是你用大力和大能的手从埃及地领出来的。"……（第 14 节）于是耶和华后悔，不把所说的祸降与他的百姓。

（第 15 节）摩西转身下山，手里拿着两块法版。这版是两面写的，这面那面都有字，（第 16 节）是神的工作，字是神写的，刻在版上。（第 17 节）约书亚一听见百姓呼喊的声音，就对摩西说："在营里有争战的声音。"（第 18 节）摩西说："这不是人打胜仗的声音，也不是人打败仗的声音；我所听见的乃是人歌唱的声音。"（第 19 节）摩西挨近营前就看见牛犊，又看见人跳舞，便发烈怒，把两块版扔在山下摔碎了，（第 20 节）又将他们所铸的牛犊用火焚烧，磨得粉碎，撒在水面上，叫以色列人喝。

…………

（第 30 节）到了第二天，摩西对百姓说：“你们犯了大罪。我如今要上耶和华那里去，或者可以为你们赎罪。”（第 31 节）摩西回到耶和华那里，说：“唉！这百姓犯了大罪，为自己做了金像。（第 32 节）倘或你肯赦免他们的罪……不然，求你从你所写的册上涂抹我的名。”（第 33 节）耶和华对摩西说：“谁得罪我，我就从我的册上涂抹谁的名。（第 34 节）现在你去领这百姓，往我所告诉你的地方去，我的使者必在你前面引路；只是到我追讨的日子，我必追讨他们的罪。”

（第 35 节）耶和华杀百姓的缘故是因他们同亚伦做了牛犊。

根据《圣经》文本，摩西已经得知了他的子民正在进行偶像崇拜，他自己的立场原本温和而宽容；然而，当他看到金牛犊和载歌载舞的人群时，他却突然深陷狂暴的愤怒之中。因此，当我们发现米开朗琪罗出于内心动机，表现雕塑的主人公因看到令人震惊的痛苦而做出反应时，这偏离了《圣经》文本的内在动机，也便不足为奇了。此外，这种为背离经文的行为做点细微的托词，对艺术家而言并不稀奇，也无禁忌。帕米尔加诺有一幅著名的《摩西》画作保存在他的家乡，画中摩西坐在山顶，将法版扔在地上，而《圣经》明确说了，他将法版打碎在了“山下”。因此画家如此创作，在文本中找不到支持。这似乎也证实了那些批评人士的观点，即米开朗琪罗的这座雕塑，根本没有暗示其记录了先知摩西生命中的任何特定时刻。

基于我们的见解，米开朗琪罗在雕塑中对摩西性格的改变，比他并没有忠实于《圣经》文本更加重要。在传说中，摩西脾气急躁且容易冲动。就是在这样的盛怒下，他杀死了一个虐待以色列人的埃及人，才逃离这片土地来到旷野；也是在同样的盛怒之下，他打碎了上帝亲手刻下律法的法版。传说中对于摩西性格的记录是不带偏颇的，保留了一个伟大人物曾经生活过的印记。但米开朗琪罗在教皇的陵墓中放置了一个完全不同的摩西，一个比历史或传说中的摩西更为优秀的摩西。他修改了打破法版这一主题，他没有让摩西在盛怒之下打碎它们，却又让他在法版可能被打破的危险之下受到影响，并竭力平息这种愤怒，或者说至少阻止这种愤怒付诸行动。通过这种方式，他给摩西的形象增加了某种全新的、超越人类的东西。因此，巨大的体格与强健的力量，仅仅作为他所拥有的，一个人可能取得的最高精神成就的一种具体表现。而真正的精神成就在于，为了他所投身的事业而成功地与内心的盛怒斗争。

现在，我们已经完成了对摩西雕像的解读。然而人们仍然可以发问，是什么动机促使雕塑家选择摩西，而且是一个如此颠覆的摩西形象，作为尤利乌斯二世陵墓的装饰。在许多人看来，其背后的动机可以在教皇的性格，以及米开朗琪罗与教皇的关系之中找到。尤利乌斯二世在这一点上和米开朗琪罗类似，他一心想拥有一个伟大而强势的人生。他尤其钟爱规模宏大的设计。尤利乌斯二世是一个实干家，他的目标很明确，就是将意大利统一于教皇至高无上的权力之下。他渴望一手打造几个世纪以来前无古人的大事，可这一切只有通过各种外来力量的联合才能实现。在他短暂的政治生涯中，他单打独斗，性情暴戾且手段凶狠。他貌似很欣赏与众不同的米开朗琪罗，但米开朗琪罗也常常突然暴怒，或者在完全不顾及他人感受的情况下灵感乍现。艺术家米开朗琪罗感受到他和这位教皇身上有着同样的暴力倾向，而作为一个更为内省的思想家，他或许也预感到二人都注定要以失败收场。因此，他将摩西像雕刻在教皇的陵墓中，不失为一种对已故教皇的责备，同样以此作为对自己的警告。因此，米开朗琪罗在自我批评中振奋，以此超越了自己的本性。

1863 年，英国人沃基斯・劳埃德为米开朗琪罗的摩西像写了一本小书。我有幸拿到了这本四十六页的短篇，并怀着复杂的心情读完。我再一次体验到，即使是在一项严肃的事业中，我们的思想和行为中也存在着诸多没有价值且幼稚无比的动机。我的第一感觉是遗憾，因为作者竟然有如此多的想法与我不谋而合。这些想法对我而言应该是很珍贵的，因为那是我自己努力的结果。只有转个念头，我才能从书中那些对我观点出人意料的印证感到一些愉悦。不过，我们俩的观点在一个非常重要的问题上存在分歧。

劳埃德首先指出，对这个人物的惯常描述是不正确的，摩西并没有准备跃起，他的右手没有抓住胡须，只是将食指放在上面而已。劳埃德也认识到了更重要的一点，只有通过对前一个动作的假设，才能捕捉到人物的态度，而其前述态度并没有表现出来。从摩西左边的一绺胡子被拉到右边就能看出，右手与左边的胡须此前已有过更亲密、更自然的接触。可劳埃德基于逻辑推断的上述接触，采用了另一种方式。据他所言，并非右手扎进了胡须中，而是胡须本来就出现在右手现在的位置上。劳埃德说，我们必须如此设想，摩西在受到突然干扰之前，他的头是扭向右边的，正好处于始终拿着《十诫》法版的右手上方。法版的压力在手掌上，使得手指在其飘动的一绺须发之下自然张开。他突然将头扭向另一边，因此他的须发在那一瞬间，被放在那里的右手绊住了一下从而搅成了一团。用劳埃德自己的话说，这一团须发应被视为运动过程的标记，也就是它的“运动轨迹”。

劳埃德摒弃了另一种可能性，即右手之前本就与左侧的胡须接触着，他这么做是受到了某种考虑的影响，这表明他和我们的解释非常接近。他认为，这位先知即使在情绪非常激动的情况下，也不可能伸出他的手把左边的胡须拉到右边，如果是那样，他的手指与现在的位置应该完全不同才是。而且，做这样的动作会让法版滑落下来，因为右臂的压力是它们唯一的支撑，除非摩西会在最后一刻奋力将它们挽救回来。但我们认为，两块法版“被手以一个如此笨拙的姿势抓住，难免令人想到这是一种亵渎”。

我们很容易能看出劳埃德忽略了什么。摩西像胡须的反常位置，表明之前有动作产生，但此时的法版位置同样不符合常理，这一细节却被劳埃德忽略，没有得到应有的解释。他只核实了有关胡须的史料，却没有深究两块法版的细节。他认为法版一直都在原来的位置。他这样做便与我们一样，关上了观念大门。然而我们通过审视某些微不足道的细节，对整个形象的目的与意义进行了令人意想不到的解释。

但如果我们这么做是误入歧途了呢？有没有可能，是我们过于严肃和深刻地对待了那些对艺术家而言毫无意义的细节呢？也许对艺术家来说，他只是武断地处理这些细节，或者仅仅出于形式化的缘由，并没有任何隐藏的意图，那又会怎样呢？有没有可能，我们和众多解读者一样，自认为能够看清艺术家似有还无的各种意图，那又会怎样呢？这很难说。艺术家米开朗琪罗在他的作品中，努力表达着如此丰富的思想。他对精确性如此坚守，尤其是在考虑到雕塑中那显著而互相独立的特征时，我们是否能够如此断言？最后我们要带着谦逊的态度指出，艺术家在对其作品晦涩之处的表达上所担负的责任不亚于解读者。米开朗琪罗往往能在自己的创作中，淋漓尽致地进行艺术表达；但在摩西像上，如果他的设计意图是在雕塑呈现的沉静余味中，勾勒摩西身上曾经爆发的盛怒的话，那他或许没有完全成功。

视觉强迫症在神话中的对应

（1916）

在一个大概21岁的来访者身上，无意识的心理活动在强迫性思维中被有意识地表现出来，而且在强迫性视觉图像中也出现了这一点。这两者既可以相伴而生，也能够独自出现。在一段特殊时期里，每当这位来访者看到父亲走进房间，他的脑海里就会浮现出一个强迫性的字眼，以及一幅强迫性的画面。这个字眼就是“爸爸—屁股”。来访者脑海中随之出现的，是一个人的下半身画面。这个人的下半身赤裸着，有胳膊和腿，却没有头或胸部。这便是来访者的父亲。画面中没有出现生殖器，而面部形象则出现在人物的腹部。

这种疯癫的症状非常不同寻常，当我们试图解释它的成因时，必须注意到一点，这名来访者智力高度发达，且道德理想崇高。在十岁之前，来访者曾表现出非常活跃且多样化的肛门性欲。在这种性欲被克服之后，由于后来在生殖器性欲上的阻抗，他又被迫回到了肛门性欲状态。来访者很爱他的父亲，对他充满了敬畏。但是从他那禁欲且压抑本能的崇高理想来看，他的父亲，似乎是一个耽于物质享受的浪荡子。

我们很快就能解释，“爸爸—屁股”这个字眼，是对日耳曼语中“长者”（patriarch）[1] 这一尊贵头衔的调侃式表达。

这幅强迫性图画显然是一幅漫画。它让人想到，在一些其他事物的表征中，也有通过一个人的某个器官来替代整个人的现象，以此贬低他。这幅画面也在提醒我们，无意识的幻想导致了生殖器对个人身份的表征，同时也解释了诸如“我身上全都是耳朵”[2] 这种玩笑式的表达的由来。

最初，给我留下深刻印象的是画面人物腹部的面部形象。不过不久，我就想起自己在法国漫画中见过同样的情况。机缘巧合还使我注意到，有这样一件古代事例，其表现方式与这位来访者脑海中出现的强迫性画面完全一致。

在希腊传说中，德墨忒尔来到艾留西斯寻找她被绑架的女儿 [3]，她的女儿被狄萨乌勒斯和妻子宝伯强掳到家中。德墨忒尔极度悲痛，不吃也不喝。而在这时，女主人宝伯突然掀起自己的衣服，露出赤裸的身体，逗得德墨忒尔捧腹大笑。这件逸事引发了诸多讨论。萨罗门·雷纳克的作品《崇拜、神话与宗教》（*Cults, Myths and Religions*）第四卷中，将这一故事解释为一种玄秘的魔法仪式。他在文

---

[1] 德语中“父亲”一词为“Vater”，“屁股”一词为“arsch”，两个单词组成的“Vaterarsch”，在德文中的意思与英文中的“长者”（patriarch）一词同义。

[2]“我身上全都是耳朵”（I am all ears）：俗语，表示全神贯注。

[3] 珀尔塞福涅（Persephone），古希腊神话中冥界的王后，她是众神之王宙斯和农业女神德墨忒耳的女儿，被冥王哈迪斯（Hades）绑架到冥界与其结婚，成为冥后。

中还提到了一件宝伯形象的陶俑。这件陶俑出土于小亚细亚的普里内。这件陶俑的样貌，就是一个女体的形象。但她没有头和脚，脸长在腹部上。陶俑撩起的衣裳将这张脸框起来，就像头上的一顶发冠。

第二章

文学

诗人与白日梦的关系

（1908）

正如红衣主教向阿里奥斯托[1]问的那个问题一样，我们这些门外汉总是对此怀有十分的好奇：诗人究竟从什么地方获得了素材？诗人是如何让这些素材为他们所用，并且激发读者那些之前从未有过的情感？我们之所以对这个问题感兴趣，是因为如果我们直接去问诗人，他们一定无法作出解释。即便他们作出解释，肯定也不会让我们满意。就算我们非常清楚地认识到某些影响作家想象力的素材，或者我们完全明白塑造这些素材的能力，我们也无法成为作家。但即使这样，我们对这个问题的好奇也不会减少。

如果我们能在自己或者与自己类似的人群身上，发现某些与创造性写作相类似的活动，那会怎样呢？如果我们能做到这一点，对这些活动的研究就能让我们产生一些洞察力，去观察这些作家的非凡创造力。事实上，这一切是有可能实现的，毕竟作家们总是尝试着拉近自己所在群体与普通人之间的距离。因此他们总是向我们承诺，每个人内心深处都住着一位诗人，直到人类毁灭，诗人都不会灭亡。

显然，我们应该从孩童身上寻觅想象力活动的原始踪迹。在孩童身上，最受喜爱、最迷人的天职便是游戏。我

[1] 阿里奥斯托（Ariosto）：意大利文艺复兴时期著名诗人。代表作有叙事诗《疯狂的罗兰》（*Orlando Furioso*）等。

们或许可以说，每一位游戏的孩童，其表现就像富于想象力的作家一样，因为他创造了一个属于自己的世界。或者更确切地说，他对自己世界里的一切进行了重新安排。这种全新的安排让他更加快乐。我们不应该认为孩童对待世界的方式不够严肃；相反，孩童对游戏的态度十分严肃，并倾注了大量的热情。而游戏的对立面也并非那些严肃的职业，而是现实。由于孩童无法从游戏世界巨大的情感洪流中全身而退，因此他将游戏与现实完美区分开来。孩童只是爱从现实世界中借用某些有形且可见的事物，来构成想象中的物体和环境。而正是这种与现实间的联系，使得孩童的“游戏”与“白日梦”区分开来。

而今，作家正如游戏中的孩童一样，他对待自己创造的想象世界也非常严肃。虽然这个世界与现实泾渭分明，但他还是向其中投入了大量的情感。语言将儿童游戏与诗歌创作的这种关系保留了下来。语言将某些取材于有形物体、能够表达出来的想象力创作定义为“游戏”，而将这些游戏呈现出来的人称为“玩游戏的人”。不过，这诗意的想象世界的非现实性，对文学技巧仍然产生了重要影响。因为其中的许多事情要是发生在现实生活中，根本产生不了任何乐趣，而在游戏中，就能带来无穷的趣味。这就是说，许多本质上痛苦的情感，在诗人的作品中或许会成为观者和听众的快乐源泉。

关于现实和游戏之间的对比，还要考虑一些其他因素。让我们再花费一些时间讨论。当一个孩童渐渐长大，不再玩游戏的时候，在他之后的几十年中一直十分认真地试图抓住现实生活时，某一天他也许会进入一种心理状态，这种状态就是游戏和现实之间的悬殊对比可能会再次消弭。作为一个成年人，他可能会回忆起童年玩游戏时，自己也曾抱有那么严肃认真的态度。接着他会将长大后的严肃工作与童年游戏进行比较，以此摆脱现实生活的负担，收获幽默带来的巨大欢愉。

随着人们的成长，曾经的孩童不再玩游戏。表面看来，他们似乎已经放弃了从游戏中获得乐趣。但是，任何对人类精神生活有些许认知的人都不难意识到，对人类来说，最困难的事大概就是放弃曾经体会到的快乐。我们真的很难放弃任何东西，只能对它们相互置换。我们看似放弃某样东西时，实际上只是采用了其他东西来替代它。因此，人们长大后虽然不再游戏，但仅仅是放弃了与真实物体的联系。他们不再游戏，而是开始创造幻想。他们建造了空中楼阁，缔造了所谓的白日梦。我相信，在很多人的一生中，都会有制造幻想的经历。这个事实长期被人们忽视，其重要性并没有得到应有的认识。

人类的幻想相比孩童的游戏更加不易被察觉。孩子们确实会独自游戏，或者和其他孩子一同建造一个头脑中的封闭世界，他们的目标就是玩乐。不过，孩子不会对成年人隐瞒自己的游戏，即使自己的游戏和成年人毫不相干。但另一方面，成年人却会为自己的白日梦感到羞耻，并在他人面前隐瞒自己的白日梦。成年人通常会将白日梦当作自己珍视的最重要的财产。他宁可承认犯下的所有错误，也不愿透露自己的白日梦。就是因为这样的原因，他或许认为自己是唯一制造了这种幻想的人，却不知道其他人也一样，对自己讲述着同样的故事。尽管这样，白日梦是孩童时代游戏的延续，这两种活动背后的动机，包含了孩童游戏和成人白日梦之间不同行为的充分理由。

孩子们的游戏取决于他们的欲望。事实上，是取决于每个孩子的同一个欲望，那就是长大，而这个欲望能帮助他“长大成人”。孩子总是在玩成人的游戏，在游戏中，他们模仿着自己眼中的成人生活。那时候，他们没有理由隐瞒这个欲望。而成年人则不同。一方面，他们知道自己不该再玩下去，也不该再做白日梦，而是应该在现实世界中遵循自己的道路。而另一方面，由他们的幻想生发出的欲望不得不被完全隐藏起来。因此，他们会因幻想而感到羞耻，并认为自己的幻想十分幼稚，应该得到禁止。

如果这些幻想被成年人隐藏得非常隐秘，那你可能会问：我们又怎么知道那么多人都有制造幻想的倾向？事情是这样的：有这样一类人，他们体内住着的并不是上帝，而是一位叫作“必然性”的严厉女神。人们被这位女神委以重任，讲述自己的苦难与喜悦。这些人便是神经症患者。他们必须向分析师坦言自己的幻想，希望通过心理治疗使症状缓解或消失。这便是我们最佳的认知来源，而此后，我们也找到了充分的理由并由此推断，来访者告诉我们的有关自己的事情，我们也能够从普通人那里听来。

让我们试着认识一下白日梦的几个特征。首先我们可以这么说，快乐的人从不制造幻想，只有对现状不满的人才会。未满足的欲望正是幻想背后的驱动力，每一个孤立的幻想背后都包含着一个欲望的满足，并且着重改进了现状中令人不满的地方。由于人们的性别、性格与生活环境差异，他们的欲望也有所不同。不过，我们还是很容易将这些欲望分成两大类。它们要么关乎野心，创造者们用以提升自己；要么就关乎色欲。年轻女性的幻想几乎完全被色欲主宰，毕竟色欲中往往包含了她们的野心。至于年轻男性，他们的自我中心和雄心勃勃与性欲相伴出现，展露无遗。我们并不会纠结于这两种趋向之间的区别，我想强调的是，两者实际上常常是统一的。在很多祭坛画中，我们都能在画的一角找到捐赠者的肖像。而在相当一部分雄心勃勃的白日梦中，我们也会在角落里发现一个女人，做梦的人为了她做尽英勇事迹，一切的胜利都拜在她的石榴裙下。在此，很容易就能看出人们隐藏白日梦的强烈动机。事实上，人们往往会认为受过良好教育的女性有着最少的情欲，而年轻男性必须学会压抑过度的自尊。这些都是童年时的生活环境对他太过放任造成的，如此一来，他才可以在充斥着对他人有类似要求的社会中，找到自己合适的位置。

我们千万不能以为这种因幻想的冲动而产生的各种事物是千篇一律或一成不变的。相反，这些空中楼阁或白日梦会顺应不断变化的生活印记，随着生命的变迁而不断改变。每一次深刻的全新印象，都为它们盖上一个“时光戳印”。幻想和时间的关系非常重要。有人可能会说，幻想会在同一时刻徘徊于三个时间阶段，即我们观念的三个阶段。我们大脑中的幻想活动与当下的某种印象相联系，而这一印象又是由当下事件引发的，它有能力唤起我们的强烈欲望。而此时，幻想会徘徊到我们对于早期经验的记忆中，一般而言会回到婴儿期。在彼时的体验下，我们的欲望得到了满足。接着，幻想又为自己设定了一个情境，即出现于未来，代表欲望的最终实现，这便是白日梦或者说幻想。它同时承载着两道痕迹，一道留在它产生的情境，一道留在过去的记忆里。于是，欲望之绳将过去、现在和未来串联起来，贯穿始终。

一个特别常见的例子或许能让我的陈述更加明晰。比如，有这样一个孤苦伶仃的小伙子，你将某个雇主的地址给他，告诉他或许能在那里找份工作。在走向那个地址的路上，他便陷入了一场白日梦，这种情形非常适合做白日梦。这幅幻想的内容大致如下：小伙子被雇用了，而且新雇主很喜欢他。他成为生意中不可或缺的成员，被老板视作亲人，还迎娶了老板的漂亮女儿。然后小伙子开始接手家中生意，先是成为合伙人，接着又成了岳父的继承人。这位梦想家通过这种方式，找回了自己在快乐童年里拥有的一切，遮风挡雨的房子、爱他的父母，甚至他初恋的女孩。通过这样一个例子，你就会了解欲望是如何将当下的时间，依据过去的模式来对未来进行规划的。

关于幻想，还有很多可谈，但我还是尽可能做到言简意赅。如果幻想太过繁盛且有力，就成了神经症甚至精神病发作的必要条件。我们的来访者所抱怨的病态症状，在最初阶段的表现正是幻想。从这儿出发，有一条宽阔的道路，径直通向了病理学。

幻想与梦境的关系不容我们忽视。我们夜里的梦境也不过就是这样的幻想，因为我们能够通过解读来将其辨明。语言的智慧无与伦比，它在很早以前就定义了梦的本质，将人们对幻想的凭空臆造称为“白日梦”。有时候，尽管有了这样一条线索，我们对梦境的含义仍然感到模糊不清，这种情况是因为到了晚上，那些令我们感到羞耻的欲望也在我们内心开始活跃，我们不得不向自己隐瞒这些欲望，将它们压抑下去，并推回无意识中。因此，这些受到压抑的欲望及其衍生品，只有在几乎完全歪曲的情况下才能够表达出来。后来，科学事业成功地实现了对梦境中扭曲现象的阐释。我们就不难认识到，夜里的梦境是对欲望的满足，而同样的，白日梦便是对我们那些熟稔幻想的满足。

谈了白日梦那么久，现在说说诗人吧！我们真的有胆量将一位富有想象力的作家与“光天化日下一位痴人说梦的人”相提并论，将诗作与白日梦相提并论吗？当然，在此我们必须先厘清第一个差别。我们先要在诗人内部进行区分，一类诗人是史诗与悲剧的缔造者，他们的素材是现成的，而另一类诗人的素材是由他们自发创造的。我们将注意力放在后一种人身上，但是不要选择那些评论家口中备受赞誉的作者作为我们的比较对象。反之，我们选择的作家不那么有名，但是他们的浪漫小说或记叙深受广大男女读者的喜爱。这些作家的作品通常有个非常显著的特点，会给所有人留下深刻印象。那就是他们的故事中都有一个主人翁，这是整个故事架构的核心所在。作者用尽手段只为博取我们对主人公的同情，让其受到上天非凡的庇护。假如在某一章的末尾，这个主人翁受了重伤，失血过多并失去知觉，那我们肯定会在下一章的开头，发现他正在受到精心救治，不久就逐渐康复。如果在某一章的结尾写到主人翁遇难于海上的暴风雨，我敢肯定读者会在下一次大规模营救开始时，听到他的呼救，否则，这个故事确实无法进行下去。我们跟随主人翁经历充满危险的旅程时，心中满是安全感，仿佛一个真正的英雄为了营救溺水者而跳入水中，或者在战争的枪林弹雨中，将自己暴露于敌人的火力之下，这便是主人公的感觉。一位顶尖作家的名言尤其如此："我不会出事的！"这句话精准地表达了这种感觉。然而在我看来，这种标志性的坚不可摧的品质，毫无疑问地暴露了人的"自我陛下"（Majesty the Ego）——所有白日梦和小说中的主人翁皆是如此。

在这些以自我为中心的故事中，其他角色也暗示了同样的关系。当小说中所有的女性都爱上了主人翁时，很难说这是对现实的描述。但要说它是白日梦的重要组成部分，便很好理解了。另外，故事中的其他人被一刀切地分成好人和坏人，真实人性的多样性被完全无视，这也充分体现了同样的关系。其中，"好人"就是帮助主人翁实现自我的人，"坏人"便是他的敌人和对手。

我们当然已经意识到，许多富有想象力的作品与当初天真的白日梦泾渭分明，但我还是情不自禁要猜测，无论这些作品变得多么面目全非，还是可以通过连续不断的转换，最终与上述的白日梦模式产生联系。而在许多所谓的心理小说中，我对此也深有体会。作者只对主人翁进行心理活动描写，且作者就住在他的灵魂之中，以超脱的视角看着其他人物。总体而言，这些心理小说的产生，可能是由于现代作家想要通过自我观察，将自己分解为许多成分化的自我，并以这样的方式，将自己精神生活中相互冲突的倾向在许许多多的主人翁身上人格化实现，而这或许就是心理小说的特别之处。还有一种小说则可称得上“反常”，它们似乎和典型的白日梦明显相悖。在这些小说中，被设定的主人翁却在人群中最不活跃，他就像一个旁观者，对其他人的一切行动和遭遇置之不理。左拉后期的许多小说都属于这一类。但我不得不说，有些并非作家的人，他们所做的很多事情都偏离了正常轨道。当我对他们进行精神分析后发现，虽然他们并不是作家，但他们的白日梦却向我们展示了类似的变体。在他们的白日梦中，他们对自己的旁观者角色非常满足。

我们把富有想象力的作家与白日梦想者进行比较，把诗歌创作与白日梦进行比较，如果要证明这种比较的价值，就必须显示出其在某一点上有所成效。我们试着参照上述观点举个例子，从幻想以及贯穿其中的欲望，及其三个阶段之间的关系来检视作家的作品，并借此研究作家的生活与其作品的联系。到目前为止，我对这个问题的解决方案还没什么头绪。其中的复杂程度往往被人们低估，但我们能通过对幻想的洞察，对事态的发展做出一定预测。某些让作者留下深刻印象的亲身经历，唤起了他对自身经验的记忆。这种记忆往往来自童年，接着，作家的欲望被唤起，他将在作品中满足这些欲望。而在作家的作品中，我们或许能够辨别出哪些事情是最近发生的，哪些又来自遥远的记忆。

你不必惶恐于这个公式的复杂性，我估计现实的检验会证明这个公式太过笼统，但它可能涵盖了最接近事物真实情况的一种方法。就我的一系列尝试来看，我认为如此对待这些富有想象力的作品，不一定一无所获。你会对作者强调的童年记忆十分难忘，尽管这种回溯看上去很奇怪，但其最终根植于一个假设：富有想象的创造就如同白日梦，是童年游戏的延续与替代。

当然，我们也不会忘记提到另一类富有想象力的作品，它们并非自发产生的，而是作家对现有素材的重新塑造。在此，作家也保留了一定程度的自主性，这种自主性表现在他能够自己选择素材，并对所选素材做出改变，而这种自主性是十分可观的。目前来看，这些素材往往源于本民族的神话、传说以及民间寓言宝库。对于这些民族心理学创作，研究领域的成果尚不完善，但这些创作极有可能是整个民族的欲望幻想。比如说神话，便很有可能是这种幻想的扭曲遗存，是早期人类传承至今的漫长梦境。

到此你或许会说，尽管本篇文章标题的第一个字眼便是“诗人”，可我对诗人与作家的探讨相比于幻想却少之又少。我意识到了这一点，因此想通过介绍我们目前的知识状况，来为自己辩解一番。我所能做的只能从幻想研究中，提炼出一些有意思的见解和观点，并将它们抛出来，而它们的范畴已经超越幻想本身，转向了文学素材的选择问题。我们完全没有触及另外一个问题，即我们因作家的作品唤起的情感，是怎么在作家手中实现的呢？不过我在此至少要向你们指出，我从白日梦探讨到富有想象力的作品对我们产生的影响，中间经过了怎样的思考路径。

你一定记得我们说过，白日梦想者小心翼翼地向他人隐瞒自己的幻想，是因为他理应为此感到羞耻。而我在此还能再补充一点，即使将这些梦境分享给我们，他的披露也不会为我们带来任何愉悦。我们听到这样的幻想，即使不产生反感，至少也会冷眼旁观。但是，当一个文采飞扬的人向我们展示他的趣味，或者向我们讲述（我眼中）他自己的白日梦时，我们却能够从中体验到全方位的巨大愉悦。作家到底如何做到这一点的，那是他内心深处的秘密。诗意的本质就在于，诗人会通过基本的技巧性诗艺来克服我们的排斥感，当然这种排斥感关乎每一个个体与他人之间存在的隔阂。我们可以假定，他在这一技巧的使用中，用了两种方法。作家首先通过改变和伪装，对白日梦自私的本质进行柔化。他用幻想将我们贿赂，因为在表现幻想时，他在其中加入了一种纯粹的、具有美学意义的愉悦。为了更大愉悦的释放而提供给我们的那种快乐增量被称为“额外刺激”，在技巧上也被称为“前快感”。我认为，在富有想象力的作品中，我们从作家手中获得的所有审美愉悦，都与这种“前快感”属于同种类型。而文学带来的真正享受，就在于它释放了我们头脑中的紧张情绪。或许，这种效果主要由于作家让我们陷入了这样一种状态，在其中我们能够不受责备、毫无羞耻地享受自己的白日梦。讲到这里，我们踏上了一条通往新奇、有趣，又十分复杂的作品研究道路。不过至少在此刻，我们的讨论也要暂时告一段落。

原始词汇的悖反意义

——评卡尔·阿贝尔的一本小书《原始词汇的悖反意义》

（1910）

在我的著作《梦的解析》中，我陈述了一个问题。这个问题发现于分析工作中，但我还没有理解它，在本次回顾的开篇，我将重申这个问题。

梦境对于悖论（antithesis）和矛盾（contradiction）这对范畴的态度，是最引人注目的。但这对范畴被草率地忽略了，“不”这个词似乎不为梦境而存在。梦境表现出了一种特别的倾向，即能够将两个对立面削减为一个整体，乃至将它们表征为同一件事物。不仅如此，梦境还能将任意元素表征为相反的愿望，因此在梦醒的第一时间，其中的元素很可能是与梦境中对立的，我们无法确定其在梦境思维中，到底是消极还是积极的。

古代的释梦者似乎最常用到这样一种假设，即梦境中出现的一切，可能都意味着它的对立面。有时候，现代的梦境研究者也认识到了这种可能性，毕竟他们已经承认梦是有意义的，可以对其加以解释。假设所有跟随我科学释梦脚步的人，都能够确证上面的陈述，我想我们就不会遇见任何矛盾了。

偶然间拜读了语言学家卡尔·阿贝尔的著作，我首次有幸理解了“梦的运作”时的奇怪倾向，梦境无视否定，能用同样的手段表达两个相互悖反的意义。阿贝尔的这本著作在1884年作为一本独立的小书出版，又在第二年被收录进了作者的《语言学论文集》。由于我对这一话题颇感兴趣，因此我会从阿贝尔的所有相关文本中找出一些引证（我会将大多数案例省去）。这些引文将给予我们非常惊人的信息，即我所提到的这种梦境的作用，其惯例与我们迄今所知的最古老的语言中的一个特点完全吻合。

最初的象形文字是在埃及文字已经高度发达之后才出现的，阿贝尔强调了埃及文字的古老，此后，他写道：

> （第4页）如今，在埃及语言这一来自原始世界的独一无二的遗迹中，我们发现了不少具有双重含义的单词，其中一种意思与另一种意思完全相反。你想象一下，这将是多么荒谬的事啊！比如德语中的“强”便兼具“弱”与“强”两个意义；而名词“光亮”则在柏林同时用于表示“黑暗”和“光亮”；一位慕尼黑市民会把啤酒叫“啤酒”，但另一位市民却把水也叫作“啤酒”。古埃及人在语言中竟然也有这样令人震惊的做法。要是有人摇摇头，表示非常的不可思议，你又有什么理由责怪他呢？……
>
> （第7页）鉴于这种情况，以及很多类似案例中，都存在这种悖反意义。毫无疑问，在某些语言中，总有不少词语同时表示一件事物以及这件

事物的对立面。无论这一点多么令人震惊，我们都应该面对这个事实，并着手去研究它。

在书中，阿贝尔拒绝将这种情况的出现解释为语词在发音上的偶然相似，他同样坚决反对将这种情况的出现归结于埃及人低下的心智发展程度，阿贝尔说：

（第 9 页）但埃及绝对不是一个胡言乱语的国家。恰恰相反，它是人类智慧发展的最早摇篮之一。这个国家认识到纯洁和高尚的道德，也参与制定了《十诫》中的很大一部分，而今天所谓高度文明的那些民族，却正在为他们嗜血的偶像而对无辜的人类大肆屠杀。一个如此黑暗的时代，能够点燃正直与文明火把的民族，在其日常语言和思想上，断然不会那么愚蠢的……那些能制造玻璃，能用机器将巨型石块举起并且移动的人，一定有着起码的判断能力，不会荒谬到将一件事物同时看作其本身和它的对立面。因此，我们怎么能将这种情况的出现，归咎于历史上的埃及人擅自使用这样一种奇怪的矛盾语言呢？……难道他们曾习惯将两种最为对立的观点，以同一个声音作为载体，还习惯用将两种彼此最为猛烈对抗的事物，用一个密不可分的同一体表示？这又怎么可能呢？

基于此，在我们试图解释这种现象之前，还不得不提到埃及语言中另一个更令人费解的做法。阿贝尔继续写道：

> 埃及词汇古怪的特点中，最不寻常的一处在于：除了将对立的意义联合为一个词之外，埃及语言中还有一些复合词。在这些复合词中，表示意思相反的两个音节被组合成为一个整体，但这个复合词本身却只表示其中一个音节的意义。因此，在这种非同寻常的语言中，不仅有同时表示“强”和“弱”，或者“命令”和“服从”含义的词，还有像“老少”（oldyoung）、“远近”（farnear）、“紧松”（bindloose）、“外里”（outsideinside）这样的复合词……在这些词汇中，尽管两个组成部分的意思南辕北辙，但第一个词其实只表示“年轻”，第二个词只表示“靠近”，第三个词只表示“紧束”，第四个词只表示“内部”……中国文字中有时也会发生这种情况。但埃及语的这些复合词中，人们将相互矛盾的概念有意组合在一起，目的并不是像中国文字一样创造第三个概念。它们只是为了通过两个概念的组合，来强调矛盾双方中一方的含义。复合词所表示的某一个成分的意思与单独使用这一成分所表示的意涵是相同的……

不过，这个谜团看上去难以理解，但实际上很简单。因为我们都知道，概念是通过对比产生的。阿贝尔说，

> 如果到处是光明，我们就无法区分黑暗与光明，我们就对光明没有概念，也不会产生“光明”

> 这个词……很显然，世界上一切都是相对的，每件事物都处于与其他事物的关系中，并在与其他事物有所区别的情况下，才能够独立地存在……既然每一个概念与其相反的一面都是孪生同胞，那要是不与相反的一面进行比较，怎么能让试图表达的人，第一时间就想到这个概念呢……（第15页）这是因为，除了与软弱形成对比，没有任何概念能够表达“强壮”，因此，表达“强壮”这个词的时候要同时提到“软弱”，因为其产生就是通过这种对比实现的。事实上，这个词并非单独指“强壮”或者“软弱”，而是强调两者之间的关系以及它们的差异，因为两者是相互抗衡而产生的……人类要是不将两个对立的事物进行对比，就连最原始、最粗浅的概念都无法得到；人们只能循序渐进地学会将一件事物的两个对立面区分开来，最终无须专门比较，就能想到其中的一方。

既然语言并不仅仅是个体自身思维的表达，还是人们和他人交流的重要工具，你可能会提出这样的问题：“原始的古埃及人”是如何让他的邻居理解“在每一个特定场合中，他到底要表达的是一对概念中的哪一个呢”？在书写时，人们通过所谓的“限定”图画来解决这一问题，也就是说，它们会在字母符号旁边画上一幅画，这样一来，无须动口，也能表达字词的含义。在古埃及词“ken”用于表达“强壮”的含义时，人们会在单词旁边画上一个站得笔挺、全副武装的小人；而同样是这个词，要表达“软弱”

的时候，该字眼旁边就会画上一个屈膝而蹲、无精打采的小人。同样的，大多数其他的两歧词语都附有解释图画。阿贝尔认为，在口语中，人们会在说出词语之后，采用手势来表达其含义。

据阿贝尔所言，只有在“最古老的词根”中，才能观察到互相对立的两歧语义。接着，在语言的进一步发展中，这样的两歧语义从语言中消失了，而且最起码在古埃及语言中，我们能够从现代词汇的单一含义中，寻找到其演进的每个过渡阶段。阿贝尔说：

> 具有两歧含义的词，后来被拆分成了两个具有单一含义的词，而对立含义的每一方都带有其原有词根的些许“变型”（即经过修饰的词型）。因此在古老的埃及象形文字中，同时表示“强壮”和“软弱”的“ken”这个词，分成了“ken”（强壮）和“kan”（软弱）。换言之，那些原本只有通过对比才能表达的概念，随着时间的推移，人们的使用逐渐娴熟，从而为对立的每一方都创造了各自的发音表示方法。

阿贝尔认为，要证明一开始在古埃及语言中的悖反含义，后来也延伸到了闪族语和印欧语系中是很容易的。这种情况在其他的语族中如何发展，仍有待进一步观察，这是因为尽管这些对立的意义，一定在每一个种族最初智慧形成的过程中出现过，但它并不一定还能被辨认出来，或许遍布于“词语的意义”之中。

阿贝尔进一步表达的观点，给我们留下了深刻的印象，他认为哲学家贝恩显然是不知道上述情况的，但纯粹用理论基础推导出这种两歧词语在逻辑上的必要性。表达该观点的文章，以这样一段话开头：

> 知识、思想或者意识中根本的相关性，除了通过语言，是没法以其他方式表达出来的。如果我们了解的所有事情，都是通过其他事物变迁而来，那么每一个相关经验都必有其两面：要么每一个命名都具有双重意义，要么每一个意义都有两种名称。

根据阿贝尔的文章《古埃及语、印欧语系以及阿拉伯语中的悖反含义附录》，我挑选了几个案例，或许能够印证这一情况，尽管我并不是语言学专家：

在拉丁语中，“altus”一词表示“高”与“深”，而“sacer”表示“神圣”与“可憎”，在这两个例子中，词语未经过变形就表达了两个不同的含义。还有一些例子中，对立含义的区分是由语音的转化实现的，比如“clamare”（即“呼喊”）与“clam”（即“轻语”）；“siccus”（即“干燥”）与“succus”（即“多汁”）。而在德语中，“Boden”（顶楼与地基），同时表达了房屋的顶楼与底层。而“bos”（坏）这个词也有其对立意义“bass”（好）的意思；在古撒克逊语中“bat”（好）却对应英语中的“bad”（坏）；英语中的“to lock”（锁住）对应德语中的“Lucke”和“Loch”（孔洞）；德语中的“kleben”（粘住与分裂）对应英语中的“to cleave”（分离）；德语中的“stumm”（哑）对应同为德语中的“Stimme”（声）；诸如此类。通过这种方式，那句备受嘲弄的拉丁语句子“小树林里没有光亮”[1]也就确有其真正的意涵了。

在阿贝尔关于语言起源的讨论中，他提醒人们注意在古老的思维中，还有很多其他难以理解的踪迹。即使到了今天，英国人想表达“ohne”（不与）时会说“without”（即德语中的“mitohne”）；而东普鲁士人也这样说。“with”（与）这个词本身就与现代德语中的“mit”（与）同义，而“mit”最初则是“without”（不与）和“with”（与）两个意思兼而有之，我们还能从“withdraw”（撤退）和“withhold”（抑制）发现这一词源踪迹。同样的转换还能在德语的“wider”（对抗）和“wieder”（同行）中看见。

在与梦境的比较中，古埃及语中还有一个非常奇怪的特征，这点十分重要。首先可以这样说，在古埃及语中，字眼或许有着很明显的音义颠倒。现在我们假设“good”（好）这个词是古埃及语，那么，它可能就有“bad”（坏）和“good”（好）的两歧含义，并且能够读成“doog”，也能够读成“good”。这种倒置的读音，在雅利安语和闪米特语中也能找到很多例子，其数量之多，已

---

[1] “小树林里没有光亮”（Lucus a non lucendo）：这是一句拉丁谚语，表示存在悖论。在拉丁语中，“lucus”（意指“树林”）源自“lucere”（意指“照亮”）。从词源角度理解，即“斑驳的阳光照亮了木头”。但现实中，树林黑寂，并没有光亮。

经不能被解释为偶然的产物。仅仅就德语这一种而言，我们就能够发现："Topf"（罐子）和"pot"（罐子）；"boat"（船）和"tub"（桶）；"wait"（等待）和"tauwen"（等待）；"hurry"（急忙）和"ruhe"（和平）；"care"（关心）和"reck"（注意）；"balken"（酒吧）和"kloben"（木棍）。如果我们再考虑其他的印欧语言，相关的案例更是数不胜数。比如"capere"（抓）和"packen"（抓）；"ren"（肾脏）和"Niere"（肾脏）；"leaf"（叶子）和"folium"（叶子）；"dum-a""θμνσs"（勇气）和梵文中的"medh""mudha""mut"（勇气）；"rauchen"（冒烟）与俄语的"Kur-it"（冒烟）；"kreischen"（尖叫）和"shriek"（尖叫）等。

这种语音倒置的现象，阿贝尔试图解释为词根的双重性或复本。在此，我们应该跟随这位语言学者寻找这一难点的根源。我们还记得，儿童时期是多么喜欢玩颠倒字音的游戏啊，而在做梦的时候，我们又是多么容易将既有的素材进行颠倒，以表达各种各样的目的（在此，颠倒的并非字母的顺序，而是视觉意象）。因此，我们应该从更深层次的原始因素出发，来了解这一语音倒置情形的起源。[1]

在本文开头我们提到了梦境的奇怪特征，而语言学家们发现了古老语言中的奇怪关系，从这两者中提取的共识，让我们看到假设得到了确证，即梦境中的思维符号会退行到古代文字中。我们不能忽视这种推断，因为它反作用于

[1] 关于语音倒置现象，相对于它和悖反意义的关系，其与梦境的关系可能更加紧密。

我们精神分析学家。在对语言的发展历程更为了解的基础上，我们应该能够更深入地了解梦境的语言，并更轻松地将其转译。[1]

---

[1] 我们同样很容易假定，词语的悖反意义就是某种机制的原型，而这一机制往往出现在口误中，其通过悖反意义的使用表达自己各种各样的倾向。

三个盒子的主旨

（1913）

一

莎士比亚戏剧中有这样两个情景，一个来自喜剧，另一个来自悲剧，它们最近为我处理并解决一个小问题提供了一个契机。

第一个情景来自《威尼斯商人》，讲述的是求婚者要在三个盒子中进行选择的故事。在父亲的嘱托下，美貌而智慧的鲍西娅让三个求婚者分别在金、银、铅制成的三个盒子中选择。正确的那一个盒子中装着鲍西娅的画像。选择正确的求婚者，就是自己的丈夫。有两位求婚者分别选择了金盒子与银盒子，但他们失败了。只有第三个求婚者巴萨尼奥选了铅盒子。他选对了。就这样，早就钟情于鲍西娅的巴萨尼奥最终抱得美人归。每位求婚者都阐释了自己选择一种盒子，而不选另外两种盒子的理由。这个任务显然对第三个求婚者最为艰巨。他发现，若想赞美铅，而贬低金与银，实在找不到什么理由，措辞也会显得牵强。

如果我们在精神分析实践中遇到来访者进行这样的阐释，我们就应该怀疑这种并不令人信服的观点背后，是否还隐藏着其他动机。

用选择盒子来考验人，莎士比亚并非这种故事的首创者。他的戏剧灵感取材于《古罗马人记事》[1]中的一则寓言。在这则寓言中，一位姑娘需要通过同样的选择，以赢得王子的婚约。而同样是第三种金属——铅，为姑娘带来了幸运。不难想象，我们正在探讨的，是一个古老的故事主题。我们应该追根溯源并加以解释。爱德华·斯图肯同样对这一能够引发广泛联想的素材进行了论述，这一论述很快证实了我们最初的假设，即在金、银和铅之间的选择蕴含着深意。斯图肯说："从鲍西娅的三位求婚者所做的选择中，能清晰地看到他们的身份：摩洛哥王子选择了金制盒子，这意味着他是太阳；阿拉贡王子选择了银制盒子，这意味着他是月亮；而巴萨尼奥选择了铅制的盒子，这意味着他是青年之星。"为了支持这一解释，斯图肯引用了爱沙尼亚民间史诗《卡尔维坡埃格》中的一个片段。在这个故事里，三位求婚者将自己装扮成了太阳、月亮和青年之星（即北极星的大儿子），当然，新娘也同样爱上了第三位求婚者。

这样一来，我们要探讨的这个小问题就牵涉了星宿神话。此处的唯一遗憾在于，斯图肯的这个解释并没有给我们最终的结论。经过进一步探析，和许多调查者不同，我们并不认为神话直接来源于天堂，我们更倾向于奥托·兰克的观点，即星宿神话纯粹产生于人类社会中，而后才升华并且投射到天堂中。现在，我们的兴趣点正在于神话产

[1]《古罗马人记事》（*Gesta Romanorum*）：一本用拉丁文写成的逸事和故事集，编纂者不详。大概在13世纪末或14世纪初被编纂而成。其中收录的很多故事成为乔叟、薄伽丘、莎士比亚等文学家的创作灵感来源。

生的背景与人类有关。

让我们再次回顾前文提到的素材。在爱沙尼亚史诗和《古罗马人记事》的寓言中，两者主题都是一位少女对三位求婚者的选择。显然，《威尼斯商人》中也沿用了这一主题。不过，爱沙尼亚史诗中，是一位男子选择三个盒子，这与前两个故事的性质相反。如果我们必须处理类似的梦境，我们第一时间就会想到，盒子其实就是女人。它象征着女人最重要的东西。女性自身就犹如各种或大或小的盒子、篮子等物品。如果我们假设，正在讨论的故事也能代入同样的象征，那么《威尼斯商人》中与盒子有关的情节确实出现了我们所怀疑的倒置。我们只要像童话故事中常见的那样挥一挥手，就能够脱去这些故事穿着的星宿神话外衣。这样，我们就能发现，这些神话其实源于人类生活，就是一个男人在三个女人中进行选择的主题。

不过，同样的故事还能在莎士比亚的另一个戏剧中找到。这就是他最具感染力的悲剧——《李尔王》。在这个故事中，并非新娘做出选择，故事情节却与《威尼斯商人》中关于盒子的选择有着许多神秘的共同点。故事讲述的是年迈的李尔王决定趁自己还和三个女儿生活在一起时，对自己管理的国土进行分配，分配的依据是每个女儿对他的爱意。大女儿贡纳莉和二女儿里根都对父亲极尽恭维，向父亲展示自己的敬爱。但三女儿科迪莉亚却不愿与她们为伍。本来，李尔王应该辨认出小女儿那毫不做作且无声的爱，并且嘉奖她，可他却产生了误解。李尔王将科迪莉亚流放到远方，并将国土分给了另外两个女儿，最终晚景凄凉。这个故事不正是一个男人选择三个女人的故事吗？而且仍是最小的那个最为优秀，最为崇高。

我们能够立刻想到，在神话、寓言和文学作品中，都有类似的情景发生：还是牧羊人的帕里斯要在三个女神中进行选择，而最终被宣布为最美丽的，是第三个女神。[1] 灰姑娘同样也是家中最小的女儿，她胜过两位姐姐，赢得了王子的偏爱。在阿普列尤斯记述的寓言中，普赛克也是三姐妹中最年轻漂亮的一个。[2] 一方面，她变成人形，被人们尊称为"维纳斯"[3]；另一方面，维纳斯对待她也像继母对待灰姑娘一样，要求她将一堆混合的谷物按品种分开。后来在小生灵（帮助灰姑娘的是鸽子，而帮助普赛克的是蚂蚁）的帮助下，普赛克才完成了任务。

只要愿意事无巨细地研究故事素材，人们必然能够发现这一主题的其他版本，它们都保留着共同的本质特征。我们现在就将对比放在科迪莉亚、普赛克与灰姑娘身上吧！这三个女子都有两个姐姐，且都比姐姐出众。在李尔王与三个女儿的故事中，是李尔王对三个女儿进行选择。这一内容很容易误导我们，会让我们认为李尔王不过是个

---

[1] 即希腊神话中"帕里斯的评判"的故事，帕里斯要在天后赫拉、智慧女神雅典娜与爱神阿佛洛狄忒中选出天界里最美的女神。最终，帕里斯把象征最美女神的金苹果交到了爱神阿佛洛狄忒的手上。

[2] 即古罗马作家阿普列尤斯（Apuleius）撰写的怪诞小说《金驴记》（*The Golden Ass*）。

[3] 在《金驴记》的故事中，普赛克（Psyche）由于美貌，被世人称为"维纳斯"。

老人，这个故事并没有其他意涵。但这个故事其实是一位老人以父女关系的方式，在三个女人中进行选择。三个女人就是父亲的三个女儿。

那么，这些故事中的三姐妹到底是什么人，为什么最终的选择都落在第三个人身上呢？如果能回答这个问题，我们就能解答前文遇到的疑问了。我们之前已经采用精神分析法，将三个盒子解释为三个女人了。只要我们鼓足勇气沿着这一思路继续，就能开辟出一条道路。虽然这样做，我们可能一开始就会遇到一些意想不到且难以理解的东西，但正是通过这些迂回，我们才能抵达终点。

让我们惊讶的是，上述每个例子中那位出众的“老三”，除了美貌之外都还有其他过人之处，且这些特质倾向于某种一致。我们当然不能在每一个例子中都找到这些特质，并期许它们同样地显而易见。比如科迪莉亚，就隐藏了真实的自己，丝毫不招摇，如同铅一样，她沉默地践行着对父亲的“挚爱无声”。灰姑娘同样隐藏了自己，只为不被他人发现。我们或许会将“隐藏”和“无声”相等同，但是以上只是我们挑选的五个例子中的两个。还有另外两个例子暗指着同样的事，这也非常耐人寻味。

我们已经决定，科迪莉亚所谓的“挚爱无声”只是恭维话，拒绝将她比作铅。而在《威尼斯商人》中的巴萨尼奥选择盒子时，他发表了一番简短的与铅有关的言论。当然，我们要明确一点，这番言论与将科迪莉亚比作铅并没有任何联系。巴萨尼奥对鲍西娅说：

> 相比于雄辩，你的淡泊更令我感动。

（在某些版本中，“淡泊”一词亦作“质朴”。）

这段言论也意味着，相比于另外两个人的俗丽，鲍西娅的质朴更令巴萨尼奥感动。金和银是“喧嚣”的，而铅却“无言”。这在效果上就和科迪莉亚的“挚爱无言”一样。

在古希腊寓言《帕里斯的评判》中，并没有提及阿佛洛狄忒抑制感情，出现这类刻意的沉默。三位女神都对年轻的帕里斯进行了自我陈述，作出允诺以期赢得他的选择。但耐人寻味的是，在另一个更现代化处理的故事中，我惊讶地看到了第三个人有同样的表现，这让我震惊。在奥芬巴赫的轻歌剧《美丽的海伦》中，帕里斯应其他两位女神的要求，说出了自己在评选中，将阿佛洛狄忒定为最美的理由：

第三位，啊，就是那第三位！
第三位什么也没说，
却更显得弥足珍贵……

如果我们将“第三人”的过人之处定为“无言”，那么用精神分析的语言来说，梦中的沉默往往意味着死亡。

十几年前，一位智力超群的先生告诉了我一个梦，他想通过这个梦来证明梦境具有心灵感应的性质。他梦见了一位许久没有联络的朋友，他对这位杳无音信的朋友大加责备，那位朋友没有做出回应。后来这位先生得知，大约在那个梦境发生的时间，他的朋友自杀身亡了。让我们先将心灵感应的事情放一放，毫无疑问，这个梦境里的没有回应正代表了死亡。灰姑娘童话里的那位王子，经历了三次寻找灰姑娘无果，这种隐藏或消失于视线中的情况，在梦境中无疑也象征着死亡；而在莎士比亚的戏剧中，我们看到了铅那令人惊讶的淡泊和苍白，这同样是死亡的象征。固然出于兴趣，我们想要将这些深意从梦境的语言转译为神话中的表达，但面临重重困难。如果我们能在除了梦境以外的其他情况中，找到其他沉默可以被解释为死亡的证据，这个难题便能迎刃而解。

对于这个问题，我将挑选格林童话中的故事《十二兄弟》来加以阐释。这个故事讲述的是一位国王与王后生有十二个孩子，但都是男孩。因此国王预言说："如果生下的第十三个孩子是女儿，那之前所生的男孩都得死去。"国王带着对女儿降生的期盼，准备了十二副棺材。在母亲的帮助下，十二个儿子逃进了密林中，立志要杀死今后遇到的每一个少女。

国王的女儿降生了，渐渐长大。有一天，她从母亲口中得知自己有十二个哥哥，便决定去找他们。她在树林里遇见了最小的哥哥。哥哥也认出了她。由于兄弟们已经立下誓言，最小的哥哥就想把妹妹藏起来。但妹妹说："如果能救下哥哥，我愿意赴死。"最后，哥哥们还是高兴地接纳了她。她与他们住在一起，帮他们料理家务。

他们居住的房子旁有一个小花园，里面种了十二株百合花。国王的女儿摘下它们，送给了每一个哥哥。就在那一瞬间，哥哥们全部变成了乌鸦，与房子和花园一同消失了。乌鸦是有灵性的鸟类，摘下花朵便意味着女孩杀死了她的哥哥们，故事开头的十二副棺材和男孩们的消失，也都意味着死亡。而这位少女再一次决定与死神争夺哥哥们，让他们复活。有人告诉她，作为代价，少女必须七年内不说一个字。她接受了这个考验，但这也让她自己陷入了危险，正如她在见到哥哥们的时候所说的，自己会为了哥哥们赴死。经历了七年的沉默之后，她最终成功将乌鸦们变回了哥哥们。

而在格林童话《六只天鹅》中，六个哥哥以如出一辙的方式被变成鸟儿并且消失，同样也是因为他们的妹妹变哑，这六个哥哥重获生命。故事里的少女拯救哥哥的意志同样坚决："我要用我的生命换这种可能。"即使嫁给国王以后，她也同样因为不愿放弃沉默，而让自己的生命受到威胁。在邪恶的指控中，她保持沉默，并没有为自己申辩。

我们无疑可以在童话中找到更多的证据，来证明无言代表着死亡。根据这样的暗示，我们发现，三个姐妹中最终被选择的，都是一个死去的女人。当然，她也可能会有另外的称谓，比如"死亡化身"或"死亡女神"。某些神的品质常常通过置换的方式，被自愿让渡给人类。要是我们将这种置换与死亡女神相联系，就不会因那些少女的决定而吃惊了。而在现代的思想和艺术表现中，这类故事中的死亡却仅仅意味着死人，没有了其他意涵。

但是，如果姐妹中的第三人是死亡女神，那我们便知道了这三姐妹的身份。她们就是命运三女神（the Fates），也称为摩伊赖（Moerae）、帕耳开（Parcae）或诺恩斯（Norns）[1]，她们中的第三个正是无情的阿特洛波斯（Atropos）[2]。

二

让我们暂时将这些新发现的意涵放一放，不急于将它们代入神话，先听听神话学者们是如何看待命运三女神的起源，以及她们所扮演的角色的。

在最早的希腊神话中，命运女神只有一位，就是摩伊赖（Moerae）。她是不可避免的厄运的人格化象征（见《荷马史诗》）。摩伊赖之后演进为三姐妹，也就是命运三女神。有时候，也作命运二女神，这样的演进过程或许与其他女神有关，即美惠女神（the Graces）[3]和时序女神（the Horae）[4]。

时序女神最早是天上负责调配雨露的神。她掌管着雨水和露水，并且看守着降雨的云门。又因为这些云朵交织，形似蛛网，这几位女神就犹如纺织女工。这一特征便和摩

---

[1] 命运三女神（the Fates）：神话中掌管命运的三位女神整天忙着纺织人与神命运的丝线。希腊神话中统称为“摩伊赖”（Moerae），罗马神话中统称为“帕耳开”（Parcae），北欧即德国神话中统称为“诺恩斯”（Norns）。

[2] 阿特洛波斯（Atropos）：命运三女神中最小的女神。她决定人们以何种方式死亡。

[3] 美惠女神（the Graces）：希腊神话中给人间带来美丽与恩惠的女神。她们的名字和数量随不同时期和地区有变化。

[4] 时序女神（the Horae）：又称荷赖，希腊神话中掌管四季变化和人间秩序之神。

伊赖联系了起来。在阳光充足的地中海地区，雨水决定了土地的肥沃程度，因此时序女神又变为草木之神。花朵的美丽和水果的丰收都是她们所赐，因此人们对她们的无限魅力与崇高品质赞叹不已。她们成了代表季节的神明。如果带有神性特质的数字“三”不足以解释为何女神是三位，那季节正好解释了这一点。这是因为，古代人最开始只区分出了三个季节，即冬天、春天和夏天。秋天是在后期才加进来的。在此之后，艺术作品中才出现了四位时序女神。

同时，时序女神与时间同样有着紧密的联系。后来，她们几位又掌管了一天中的时间。和一开始掌管一年中的时间是类似道理。到了最后，她们的名称仅仅指代的是六十分钟的名字，即“小时”。北欧神话中的时序女神诺恩斯，与希腊、罗马神话中的时序女神类似，其命名也直接表明了时间的意义。而她们最神性的本质并不能被破坏，为了更深刻地诠释时间，她们的天职转变为对时光流逝这一不变法则的坚守。时序女神就此成为自然法则的捍卫者。在神圣秩序之下，事物将会周而复始，它们在自然界的时序不可更替。

这种对自然的认识，也对人类生活的观念产生了影响。所谓的自然神话成为基于人类生活的神话，掌管天气的女神成为掌管命运的女神。而时序女神的这一面，仅仅表现在摩伊赖身上，她不留情面地监视人类赖以生存的秩序，正如时序女神监视自然的秩序一样。这种法则的严肃性完全不可替代，其与死亡和毁灭的关系紧密。一改时序女神时代那智慧的模样，它现在被深深打上了命运女神摩伊赖的烙印。人类仿佛只有让自己的人格屈服于自然法则的运作，才能彻底认识到自然法则的庄严。

对神话学家而言，对这三位纺织女工的名字解读也有深意。第二位女性名叫拉克西斯，似乎意味着“命中注定的偶然”，我们还能将其称为“必经之路”，而阿特洛波斯意味着“不可避免的”死亡，克罗托则保留着“每一个人带给世界的命势”之意涵。

现在，让我们回到在三姐妹中进行选择的问题上来，我们一直在努力解答这一问题。非常麻烦的一点在于，这种新嵌入问题的解释，让我们要考虑的状况变得更令人毫无头绪，故事内容与结果的明显冲突更是令人费解。姐妹中的第三人本应是死亡女神，乃至是死亡本身；但在《帕里斯的评判》中，她是爱之女神；在阿普列乌斯的传说中，她又是貌若天仙的美人；在《威尼斯商人》中，她是最美丽且聪慧的女子；在《李尔王》中，她是最忠诚的女儿。这种彻底的冲突下到底隐藏着什么？虽然我们眼前的事实，似乎还不大能说明这一矛盾的尖锐。在这一主旨中，每个故事里都出现三个女人的自由选择问题，且故事的结局都有关死亡，那么这种矛盾就注定出现，当然没有人自愿做出这样的选择，让人命中注定陷入困局之中。

然而，要是将这一类型中的矛盾用其对立面进行替换，对于分析式的解释而言，难题就迎刃而解了。这一次我们变换立场，不再将事物的对比放置在一件事物与另一件和其表现方式等同的事物之间，且是表现形式为无意识的事物，比如梦境。但我们应该记住，人们具有一种内在能量，如诗人更有可能将事物的对立面引出来，对事物本身进行替代，所谓的反向形成正是如此。只有找到这种隐藏的能量，我们的苦苦追寻才能得到回报。我们创造出摩伊赖的形象，就是为了警示人们，其自身也是自然界的一部分，也不可避免地要屈服于死亡的法则。人类为了对抗这样的屈服，其内在会生发出某种力量，目的仅仅是表达他不愿意放弃自己的特殊待遇。我们都知道，人类会利用自己的想象力（即幻想）来满足自己在现实中的不满。因此，人们也运用想象力来阻挠自己承认摩伊赖神话中的真理，并在此基础上，构造出另一个相反的神话来。如此一来，死亡女神就被爱之女神代替。因此，选择中的第三个女子不再意味着死亡，而是最美丽、最优异、最高贵、最可爱的那个。无论如何，这样的替代都没什么困难——古已有之的模棱两可为其进行了铺陈。替代行为本身，也从古已有之的发展历程中得到充实，对那时的人们而言，这些内容都是不易忘记的。爱之女神本身，在取代死亡女神之前，与之本就是一体的。即便希腊神话中的阿佛洛狄忒也是如此，虽然她将冥界女神的角色让给了其他形象，即珀耳塞福涅或者有三头三身的赫卡特，其与冥界的联系也没有完全消亡。而东方人的地母神则都具有存在和毁灭的双重意涵：即生命和生殖女神，以及死亡女神。因此我们在前面提到的，以对立面替代事物的行为，正是以古代神明的一体为基础的。

这一发现还能解答频频出现的插曲是如何进入三姐妹的神话中的。在其中，同样能够找到人们希望看到的反转。

在此，选择代替了必然，也代替了宿命。因此，虽然人们仍旧在思想上承认死亡，却战胜了它。没有什么比欲望得到满足更彻底的胜利了。在现实中，人们被迫绝对服从，但此时能够行使选择权了；而且，其最终选择的并非可怖的事物，而是生命中最美丽、最高贵的事物。

我们再仔细观察就会发现，原始神话显然是未经伪装的，其行踪并未完全显现并暴露其存在。而确切地说，在三姐妹中进行选择也并非自由的选择，因为只有选择了第三个，厄运才不会降临，比如《李尔王》中的桥段。那个最美貌、最优秀、作为死亡女神替代者的妹妹，保留着某种神秘莫测的特征，我们通过这些特征，或许能够猜到其背后的秘密。[1]

到此，我们寻迹了神话及其转化，也确信我们正确地找到了这种转化的隐匿缘由。现在，或许我们的兴趣会转向诗人们是如何运用以上观点的。我们对诗人的思维有这样的印象：他们会将神话的原始意涵延续下来，因此能够

---

[1] 奥托·兰克认为阿普列尤斯故事里的普赛克仍然保留着很多特征，这些特征使我们想到她同死神的姻亲关系。她的婚礼仿若一个葬礼。她必须下到冥界，最终陷入死一般的沉睡。A. 津佐（Zinzow）所著的《普赛克与厄洛斯》（*Psyche und Eros*）中将普赛克比作“春之女神”并讨论了“死神的新娘”的说法的含义问题。在《格林童话》的另一篇故事《泉水边的牧鹅女孩》（*The Goose-girl at the Fountain*）里，如同在《灰姑娘》里一样，三妹妹也有丑、美变换的情节。这一点可看作指出她在变化前、后体现出二重性格的说明。在《泉水边的牧鹅女孩》的故事里，第三个妹妹经过考验（这种考验与《李尔王》里一致），遭到父亲的痛斥。她被迫与两个姐姐一样说自己是如何爱着父亲的。但是她找不到方式来表达对父亲的爱意，只能将这种爱比作盐。

向我们再现这种曾经因神话的歪曲而遭到削弱的原始意涵所具有的动人心魄的力量。而诗人对我们施加的最大影响，就是消除这种歪曲，并对神话的意涵进行部分还原。

为了避免误解，我必须要说明，我无意反驳《李尔王》中这一桥段所极力主张的两条警世箴言：第一，不要在世时就将自己的财富与王权拱手相让；第二，要在巧言令色面前保持警惕，不要误以为其真实。毫无疑问，这部戏中的确蕴含着诸如此类的警示；但《李尔王》的巨大影响力，光凭这些启示似乎还无法穷尽，或者说，诗人的绝妙创造力，并不完全体现在对这些警句的呈现动机上。即使有人告诉我们，诗人的本意就是呈现这个忘恩负义的悲剧，以表现其内心可能涌现的伤痛，整部戏的影响纯粹源于形式化的要素和艺术技巧。我依然认为在对从三姐妹中选择这一主旨进行研究之后，以上的信息并不能构成我们对这部戏的全部理解。

我们在前面讲到，由于李尔王是位老人，因此三姐妹以其女儿的形象出现。亲子关系能够升华许多丰满的戏剧场景，却很难在戏剧中得到进一步的理解。但李尔王又不仅仅是个老人，他还是个将死之人。因此，其非同寻常的遗产分配方案也就不足为奇。

然而，即使是将死的男人，也不甘愿放弃女人的爱。他依然执迷不悟，想要听见她们表达爱意。让我们回忆一下最令人触动的最后一场戏，那是近代悲剧中的顶峰之作："李尔王上，怀中抱着死去的科迪莉亚。"是的，科迪莉亚就意味着死亡。只要我们将情况进行反转，一切就变得熟悉而又合情合理了：死亡女神从战役中带走了死去的主人公，就像日耳曼神话中的瓦尔基里那样。永恒的智慧披着原始神话的外衣，授意这位老人放弃爱，选择死亡，选择与死的冲动成为朋友。

诗人让我们感觉与古代神话中的思想近在咫尺，他让戏剧中的人物完成了在三姐妹中的选择，并变得衰老而将死。诗人对神话采用了退行的处理方式，虽然通过愿望的颠倒来掩饰，却在此处将神话的寓意呈现了出来，同时也使对主旨中三个女性形象的表象寓意的解释成为可能。有人会说，男人和女人无外乎三种关系，在此都得到了表征：首先是儿子与生母，其次是床第之伴，最后是毁灭他的人。还可以这样说，在生命进程中，母亲这一形象会以上面三种形式出现：母亲本身，儿子以她为范本找到的爱人，最终收留儿子的大地之母。李尔王这位老人曾在母亲那里得到了爱，于是徒劳无果地极度渴求女人的爱，然而只有第三位命运女神，沉默不语的死亡女神，才会将他拥入怀中。

梦境中出现的童话素材

（1913）

意料之中的是，精神分析已经证实民间童话对孩子们的心理活动有着非常显著的影响。对一些人而言，他们会将自己对最爱童话的回忆，与真正的童年回忆进行置换：他们将一帧一帧的童话情节储存在了记忆中。

源自童话中的元素和场景，往往在梦境中也很容易找到。在对梦境中的这类情节进行解释时，来访者会通过联想制造有象征意义的童话。在这篇文章中，我会就这种常见的情况给出两个例子。不过，这两个例子仅仅暗示童话与做梦人的童年及其神经症有一定关联，尽管这种局限的认识会产生一定风险，即切断精神分析中最重要的某些思路，但即使如此我们也无可奈何。

一

首先列举一个少妇的梦境（她和丈夫前几天才见过）：

来访者身处一间全棕色的房间里。一扇小门打开，出现一座很陡的楼梯。一个长相奇特的侏儒沿着楼梯上来，走进了房间。他身材矮小，头发花白，头顶上光秃秃的，鼻子红红的。他围着房间跳舞，还在来访者面前摆出各种滑稽动作。接着，他又下楼了。他穿着一件灰色的长袍，长袍将整个身子遮得严严实实。（后来来访者又纠正了自己之前的说法：侏儒穿的是黑色大衣和灰色长裤。）

我对此分析如下：来访者对那个侏儒的外形描述，与她的公公别无二致。随即，她的脑海里浮现出了《侏儒怪人》[1]这个故事。因为故事中侏儒怪人跳圆舞的滑稽样子与来访者的梦境中的场景一样。而且，正是因为跳舞，侏儒暴露了他的名字，王后因此认出了他。于是，侏儒没有得到王后所生的第一个孩子，他在盛怒之下将自己撕成了两半。

而做这个梦的头一天，来访者也对丈夫大发脾气，并且扬言："我要把你撕成两半。"

梦境里那间棕色的房子一开始就成了释梦的难点。来访者想到的是她父母家的餐厅，因为餐厅里贴满了棕色的木质镶板。接着，来访者又讲到了一个与床有关的故事，她说那张床上如果睡两个人，会很不舒服。那是不久前，她在聊天时谈到其他国家的床时，说的一些非常"不合时宜"的话。虽然来访者当时坚称自己完全不是故意的，但这番话引起了满堂哄笑。

现在，这个梦就很容易理解了。那间棕色木屋最主要的意义就是床。而梦中的餐厅，又能让人联想到这是一张双人床[2]。因此，梦中的来访者是在自己的双人床上，而走

[1]《侏儒怪人》(*Rum-pelstiltskin*)：日耳曼民间故事，后来被收录在《格林童话》中。

[2] 字面意义上的"婚床"，因为桌子与床代表婚姻。

到这个房间里的侏儒理应是她年轻的丈夫。来访者的丈夫有好几个月不在这儿了，现在他来到房间，并履行其在双人床上的角色。但在梦中，这一角色以来访者丈夫的父亲，即她的公公的形象出现。

在这一解释背后，我们还抓住了一个层次更深，且纯粹与性有关的内容。房间在此层面上可解释为阴道。（房间在来访者身体里，这一点在梦境中是被倒置的。）扮相古怪、行为滑稽的小矮人则代表了阴茎。而狭小的、陡峭的楼梯，这一情景很确定地象征着性交。按照惯例，我们都习惯将孩童视作阴茎的象征。但在这一个案中，我们应该找到合理的解释，来探讨为何侏儒所代表的公公的出现象征着阴茎。

对这个梦境中遗留问题的解答，使我们得到了如下的证实。做梦人自己将透明的灰色长袍解释为安全套。我们可以由此进一步得知，来访者有避孕的想法，她担心自己的丈夫这次回来会让她受孕，生下第二个孩子，这便是她做这个梦的原因。

说到“黑色大衣”，这种大衣对来访者的丈夫而言非常合身。她非常希望说服自己的丈夫穿这种大衣，而不是他日常的装扮。因此，穿着这种黑色大衣的丈夫，是以理想形象出现的。而说到“黑色大衣和灰色长裤”，这代表了两个不同层次，一层位于另一层上面。它们与前文有相同的含义，即“我喜欢你这样打扮，我喜欢你穿成这样”。

《侏儒怪人》的故事通过一种工整的对应关系，与来访者梦中蕴含的想法联系在一起，而梦境就是她白天经历的残留物。童话中的侏儒出现，是为了带走王后生下的第一个孩子。而梦中的小矮人以丈夫父亲的样子出现，是因为他可能会带来第二个孩子。但侏儒怪人的故事能让这个梦的含义更深一层，抵达梦境思维与孩提时代的那层关系。在童话里，我们不知道这个古怪的侏儒到底叫什么名字，他急于保守自己的秘密，因此要了很多奇特的把戏，他把稻草变成了金子，这使得人们对他感到愤怒，或者说，对他所拥有的东西不满。人们嫉妒侏儒所拥有的一切（这对女孩而言就是阴茎嫉妒）——我曾说过，童话里的一切要素，都与来访者形成的神经症根源有关，但是在本文中我很难一一证实。而侏儒那剪短了的发型，无疑也和阉割这一主题有关。

如果我们仔细观察清醒状态下的人，并认识到做梦者是如何运用童话，以及在什么场景下联想到童话的，我们或许能够获得一些线索。这些线索能够帮助我们解释童话中那些仍然晦涩的地方。

二

下面这个梦境是位年轻人告诉我的。在来访者五岁之前的记忆中，他每隔一段时间就会随父母搬迁到另一座庄园，他现在还能记得搬家的时间。这个梦是他打记事起最早的梦，是在第一次搬家之前做的。

> 我梦到在一个夜里，自己躺在床上。（我的床脚那头朝着窗前。窗外种着一排老胡桃木。我在梦里意识到当时是一个冬天的夜晚。）忽然间，窗

> 户自己打开了，有六七匹白色的狼蹲在窗前粗壮的胡桃木上，我顿时感到十分害怕。那些狼全身雪白，看起来更像是狐狸或者牧羊犬，因为它们的尾巴大得像是狐狸。而当它们盯着什么东西看的时候，耳朵又很尖，像狗一样。我害怕极了，感觉自己肯定要被狼群吃掉了，我尖叫着醒来了。我的保姆急急忙忙跑到我床前，看看我怎么了。我惊魂未定，好一会儿才确信这是一场梦。梦里窗子开着，狼群蹲在树上的画面实在是太清晰，太鲜活了。最后我渐渐平复心情，感觉自己逃过了一劫，又接着睡了。
>
> 在那个梦中，唯一的动作就是窗子打开了。而狼群如此安静地坐在树上，纹丝不动，连树枝都没有晃一下，它们就那样直勾勾看着我，目光仿佛要将我看穿。我想那个梦境就是我最初的焦虑吧。那时候我才三四岁，最多五岁。从那时起直到十一二岁，我都很怕在梦中看到什么可怕的东西。

为了证实自己的描述，来访者还画了狼群蹲在树上的图画。针对这个梦境的解析让接下来的素材浮出水面。

这些年来，来访者总是将这个梦境与他童年时代最为恐惧的一幅图画联系起来，这是一本童话书的插图，图中画的正是狼。做梦者的姐姐犹如他的上级，常常因为各种各样的缘故，将这幅图放到他面前戏弄他，他总被吓得尖叫起来。在这幅图画中，那匹狼身体笔直，张着爪子的前脚伸出来，耳朵直直地立着。来访者认为这幅图一定是童话故事《小红帽》的插图。

那么，为什么梦里的狼是白色的呢？这让他想到自家庄园社区里圈养的大群绵羊。来访者的父亲偶尔会带他去看这些羊群，每次去看，他都会感到十分骄傲和喜悦。据我询问所知，就在他做那个梦之前不久，羊群中爆发了一场瘟疫。他父亲派遣了一位巴斯德[1]的弟子来为羊群接种疫苗，但接种以后的羊群，死得比之前更多了。

那么，狼群又是怎么蹲在树上的呢？这让来访者想起爷爷告诉他的一个故事。他想不起来这个故事是在做梦之前还是之后听过的，但这个故事的主题中有狼群上树的场景，这是一个决定性论据。爷爷的故事是这样的：有位裁缝在自己房间里干活儿，这时，窗户被打开了，一匹狼跳了进来。裁缝便用自己的码尺追着狼打，哦不——他纠正道——是抓住了狼的尾巴，还使劲把它扯断了，于是狼落荒而逃。过了一段时间，裁缝走到森林里，忽然看见一群狼向他逼近。他爬上一棵树想要逃命。一开始，狼群不知道怎么办。那匹残着尾巴的狼也在其中，他想向裁缝复仇。于是他提议狼群一匹叠着一匹往上够，最上面那匹狼就能够到裁缝。这匹残狼在整个狼群中身强体壮，德高望重，他说自己能蹲在最下面作为基座。狼群采纳了他的建议，而裁缝此时认出了那匹被自己弄伤的狼，于是他忽然像先前一样大喊道："抓住那匹灰色的狼，扯他的尾巴！"听到

---

[1] 路易斯·巴斯德（Louis Pasteur）：法国著名微生物学家、化学家，发明了巴氏消毒法。

裁缝的喊叫声，残尾的狼被唤起了恐怖的回忆，吓得逃跑了，所有的狼也一齐跌在了地上。

在这个故事里，出现了梦境中的树，也出现了树上的狼群。这个故事里也清晰地包含了阉割情结的暗示，即那匹老狼被裁缝扯断了尾巴。梦境中那些狼长着狐狸一样的尾巴，或许正是一种对缺失尾巴的补偿。

为什么梦中出现的狼有六只或七只呢？这个问题看似无解，直到我想起，那幅令他害怕的图片有可能与《小红帽》的故事有关。而《小红帽》的童话中只有两幅插图可能与来访者的梦境有关：一是小红帽在森林里遇到狼，二是看到狼戴着奶奶的帽子躺在床上。显然，在来访者对这幅图的回忆背后，一定还有其他的童话。来访者很快发现，这其他的童话就只能是《狼和七只小羊》的故事了。这时，数字七就出现了，当然也可能是数字六，因为童话里的狼只吃了六只小羊，最后一只羊因为将自己藏进钟箱里而逃过一劫。来访者梦境中狼群的白色同样来自这个故事，当狼第一次去找小羊，小羊认出了他的灰爪子以后，狼就找面包师将爪子弄成了白色。不仅如此，这两个童话有很多相同之处，两个故事里都有人物被狼吃掉的情节，也都有剖开狼肚子解救出被吃者，并将大石头放进去的情节，而且两个故事里，邪恶的狼最后都死了。除了这些以外，只有小羊的故事里出现了树，狼在吃饱了以后，躺在树下打盹儿。

我因为某种特别的原因，可能会在其他地方进一步处理这个梦境，更加详尽地解读并思考其深刻意义。因为这是来访者儿时记忆中的第一个充满恐惧的梦。而这个梦的内容与后来出现的梦境，以及来访者童年时发生的事产生了联系，这一点引起了我极大的兴趣。在此，我们必须将与这个梦有关的联系，限定在两个情节高度吻合的童话故事，即《小红帽》与《狼和七只小羊》中。两个故事通过有一定规律的动物恐惧症（animal phobia），对来访者的童年产生了巨大影响。这种恐惧症不同于以往常见的动物恐惧症，因为引发恐惧的这种动物并不那么容易见到（比如一匹马，或者一条狗），来访者仅仅是从故事和童话书了解到这种动物。

我还要探讨另外一种情况，用以解释这种动物恐惧症及与之相关的深刻意义。在此，我只想表达一点：我们在此进行的解析，与来访者当下出现的主要神经症症状是完全一致的。他对父亲的畏惧是导致疾病的最强烈因素，他对每一个父亲形象，都带有矛盾的态度，这主导了他的生活状态，同时也主导了他在治疗期间的各种行为。

在这一个案中，狼仅仅是来访者的第一个父亲形象。那就产生了一个问题：是否童话故事里狼吃掉小羊，或者在《小红帽》故事中的种种恶行，其隐含意义仅仅是幼儿对父亲的惧怕？不仅如此，这位来访者的父亲有一个特点，这个特点在许多家长对孩子的关系中都能见到，即父亲常常对孩子进行“爱的打骂”。另外在来访者的童年（即使他的症状是后来才加重的），他的父亲在抚摸孩子或者跟孩子一起玩耍时，或许不止一次开玩笑地威胁说“把他给吃了”。还有另一位来访者告诉过我，她的两个孩子对外公非常厌恶，就因为他在和孩子们亲密玩耍的时候，总是扬言要切开他们的肚子，以此来吓唬他们。

精神分析工作中遇到的某些性格类型

（1915）

在精神分析师对神经症来访者进行精神分析治疗时，他最初的兴趣点一般不会指向来访者的性格。相反，他更感兴趣的往往是症状预示的意义、潜藏的本能冲动及其满足，以及这些冲动是通过怎样的神秘路径，最终转化为症状的。但是精神分析师必须遵循的技术路径又限制了他，导致他在第一时间对其他客观因素产生兴趣。精神分析师还会观察到他的调研会受到来访者阻抗的威胁，这些阻抗或许正应该归咎于来访者的性格，直到这时，性格才成了精神分析师所关注的第一要素。

与精神分析师的努力治疗相对立的，往往是来访者自己认知到，并受到周围事物影响的性格特征。来访者往往认为自己的某种性格问题比较轻微，但从实际表现来看，却有着出人意料的强烈，另外，来访者和周围世界的关系，也能够非常准确地揭示他们自己的本性。接下来，这篇文章将着重描述这些令人惊奇的性格特质，并且回溯它们的源头。

一　所谓“例外”

精神分析工作者们会持续面对这样的任务，即劝导来访者摈弃某种当下近在眼前、唾手可得的快乐。这并不是说来访者要放弃所有的快乐，我们也无法期待任何人这样做，即使是宗教也仅能在其教义中宣称，人们在将尘世的快乐弃置一旁时，另一个世界会产生无与伦比、永不枯竭的极乐。然而并非如此，来访者只需要放弃那些对其产生不可避免伤害的愉悦。他只需要暂时承诺放弃这些愉悦，只需要将即时的快乐源泉，替换为另一种虽有延迟但更有保障的快乐。换句话说，来访者应该在精神分析师的指导下，从快乐原则进展到现实原则，也正是这种进展将成人与孩童区别开来。在这一富有教育意义的过程中，分析师的视角更为清晰，但它并不发挥关键作用。按照惯例，他能够对来访者说的，仅仅是来访者自认为可以合理悦纳的说辞。然而一个人对事物的内在认识，与从局外人处听到的这件事并不一样；而分析师充当的仅仅是这个重要的局外人，他在此运用了人类之间彼此作用的影响力。或者这样说，一旦记住精神分析的实践即用原始和基本的事物来代替苍白无力的衍生物，这时候我们就可以说，分析师在他那富有教育意义的工作中，采用了某种爱的组分。而在这种教育过后的工作中，分析师可能仅仅是在重复某种方式，这种方式首先是让任何一种训练成为可能。与存在的必要性相比，爱是位更伟大的老师。正是由于对亲近之人的爱，一个不完整的人才能受到引导，对必要的律令报以尊重，同时他才能免除因违反某些必要性的律令所招致的惩罚。

因此，当分析师强制来访者暂时放弃所有快乐之事，强制其为了某种更好的结局而接受某些暂时的痛苦并做出准备和牺牲时，甚至仅仅是通过某种委曲求全，以迎合某种全人类的必然性时，这个分析师仍可能遇到一些来访者，他们会以特殊的理由来阻抗上述的一切。他们说自己已经放弃太多快乐，遭遇太多苦难，要求免除所有进一步的苛责；他们不会再对那些令人不快的必要性委曲求全，因为他们现在是例外，且打算今后也如此。在这一类来访者中，这样的说辞已经成为坚定的信念，他们认为自己受到某种天意的眷顾，这种天意将保护他免于付出任何由此类痛苦带来的牺牲。分析师的观点无法对抗来访者所表达出的强大自信时，他将一无所获。事实上，即使分析师具有影响力，在一开始也是非常无力的，而且分析师要非常清楚一点，自己必须找到这种助长来访者有害的、先入为主观念的根源。

现在毋庸置疑，每个人都乐于自己成为一个“例外”，并要求自己比他人更享有特权。但正是因为如此，如果有任何一个人确认将自己宣布为一个“例外”者，并如此表现出来，就一定存在一个特定的缘由，且这个缘由不是普遍可得的。这样的缘由可能不止一种，在我调查过的案例中，我成功地将这些缘由追溯到来访者早期生活经历中的一个共同特质。这些来访者的神经症与幼年时的变故或痛苦经历有关，他们在此方面认为自己是无罪的，因此他们能够将这些经历视为强加于自己身上的不公正伤害。这些来访者声称自己由于遭受了不公正而享有特权，而这些特权和由此产生的反叛，在激化致使神经症爆发的内心冲突上难辞其咎。其中有一位来访者，当这位女士认识到阻碍其实现人生目标的、令其痛苦的官能障碍源于先天时，她的反叛态度便逐渐形成了。如果她将这种障碍看作成年后的偶然遭遇，她便会选择耐心忍受；但她要是认识到这是先天遗传的一部分，她便会进行反叛。另一个案例中，有个年轻来访者坚信自己得到了天意的特殊庇护，当他还是婴儿时意外被奶妈感染了传染病，因此他躺在这样的“保险救济金”（指受庇佑的信念）中度过往后余生。而事实上，他并不知道自己要求索赔的依据到底是什么。在这一分析案例中，分析师从模糊的记忆和对症状的解读中重构了那场变故，来自他家庭的信息客观地证实了这点。

出于一些很容易理解的原因，我无法就这一类案例进行过多交流。来访者童年时期长期患病所导致的性格畸形，与整个充满苦难历史的民族的群体行为之间有某种显著类似，但我不打算探讨这一点。恰好相反，我将借此机会指出最伟大的文艺家的作品中的人物，在这些人物的性格之中，他们所自称的例外与先天赋予其伤害的环境密切相关，这种例外也受到了环境的驱使。

在莎士比亚戏剧《理查三世》的开场独白中，后来称王的格洛斯特公爵如此说道：

> 可我呢，全无健美身材，更遑论面容俊朗；我是那么粗鄙陋俗，却祈求爱神眷顾，要说在娇娃荡妇面前闲庭信步；我自觉样貌实在不足，造化弄人哄骗我，生来躯体残破；匆匆降临于世，全无苟活资格，一瘸一拐，品位俗落，恶犬见我，嫌恶亦然。我怎配奢求赞颂，仅供盛世嘲弄，我意已决，就此堕落，恨别欢喜空空。

乍一看这长篇大论，似乎和我们讨论的主题无关。理查翻来覆去似乎只想表达：我认为这无所事事的日子太过煎熬，我意求享受人生，虽然因为我的残疾，我并不能成为风流倜傥的情人，但我却能够当一个十足的恶棍。“我要搞阴谋，我要去杀戮，我要随心所欲。”他这一行为的缘由，是如此放荡，除了让观众嗤之以鼻，没办法引起任何共情，幸好这场独白仅仅是一件严肃之事的开篇而已。与此同时，这场戏在心理学上是不太现实的，要是我们能毫无保留地赞叹主人公的勇敢和机敏，那么作者就能为主人公打造一个易于令人产生共情的隐秘背景；而目前的此类共情只能建立在理解他，或者打心眼里和他持有共同立场的基础上。

因此我认为，理查的独白并未言尽于此。他只是给出了一个线索，让我们自己去解答。一旦我们解决了这个问题，那种表面的放荡就会消失，隐藏在理查自我陈词之下的苦涩和微妙就会产生巨大的影响。我们也能够理解，自己为什么会对这样一个恶棍产生如此共情。此时，那段独白又有了如此深意：“造物主如此愚弄我，让我相貌丑陋，无人爱慕。生命亏欠我的，我会通过其他方式赢得补偿。我当然有权利成为例外，他人划定的规诫，我有权利践踏和打破它们。我固然有错，但是这世界负我在先。”此刻，我们会发现自己和理查有相似之处，起码有那么一点点像。对于我们内心共有的某种品质，理查只是将它们夸大了而已。我们都希望自己能找个理由来责备造物的不公，抱怨我们的宿命以及先天不足。我们每个人早期的自恋或自爱受到的创伤，也都需要得到补偿。为什么造物主不能赐予我们巴德尔[1]那一头金色鬈发，或是齐格弗里德[2]的力大无穷，再或者贵族们的高贵身份呢？为什么我们仅仅出生于中产阶级家庭，而非华丽的宫殿呢？我们同样感觉自己被剥夺了美貌或一切出众的能力，但却又别无选择，空余嫉妒。

因此，诗人没有让主人公将驱使行为的潜在动机全部显露出来，这是一种十分经济的艺术手段。通过这种手段，他驱使我们自己补全疑问，启发我们的思维活动，让我们从批判性的反思中脱身，让我们对主人公产生更进一步的认同。因为如果一个在自己的境遇中笨拙的人将自己的愿望全盘托出，他将遭遇我们冷静的、不受拘束的智慧，这将排除任何程度的幻觉。

然而，我们很难在忽视另一个问题的情况下，去完整地探讨“例外”的性格特质。有一种论调认为，在同等的基础上，妇女具有特权，能够免于许多世界强加给人们的负担。正如我们在精神分析工作中遇到的那样，女人们总觉得自己生来就被亏欠，认为自己应有的价值被贬低，应受的关注被削减。在近来的分析案例中，有许多女孩都怨恨母亲生了自己，其根源还是在怨恨自己是个女儿身，而非男子汉。

---

[1] 巴德尔（Balder）：北欧神话中的光明之神。

[2] 齐格弗里德（Siegfried）：北欧神话中的英雄。

二　所谓“被成功摧毁”

精神分析工作向我们提出了一条准则，人们之所以陷入神经症，是因为挫折，而所谓挫折，就是委婉地表明人们力比多的欲望没有得到满足。在这一准则被人们理解之前，我们还是委婉一些为妙。换言之，在神经症爆发之前，力比多的欲望和我们所谓的自我以及内在的自我防御体系之间，一定首先爆发了一场冲突，而这一自我保护中，也包含着这个人对自己性格的理想期待。这类病理性冲突爆发的前提如下：力比多的欲望希望自己追寻目标的过程畅通无阻，但是这一目标是自我长久以来苦苦征服、不屑一顾的，因此自我对此明令禁止；而力比多此时绝无可能获得与自我达成共识的欲望满足，因此开始暴动。自此，真实的满足感出现匮乏，被挫折击垮，这便是神经症产生的首要条件。事实上，这也绝不是唯一的条件。

更令人惊讶、百思不得其解的是，精神分析师发现，有时候人们出现神经症，是因为心中根深蒂固、企盼已久的欲望已经得到了满足，好像这种喜悦让他们难以忍受，而这种欲望的实现，似乎足以成为疾病降临的原因。我有幸获得契机，得以深入了解一位女性的故事，并准备将她作为这类悲剧发生的典型案例。

这个年轻的女孩出身高贵，富有教养，她对生活的热爱难以抑制。她逃出家门四处流浪，踏上冒险的征程，后来她结识了一位艺术家。这位艺术家不仅深深迷上了她的女性魅力，更觉得她虽然落魄，却非同常人，身上透露出高贵的品质。于是他们住到了一起，她对他全情投入，极尽忠诚。很显然，只要获得社会认可，他们就能幸福圆满。过了很多年，艺术家顺利地让自己的家人认可了女孩，将她娶为合法妻子。在这样的重要时刻，女孩却崩溃了。她无视自己即将成为家庭的女主人这一事实，幻想着自己遭到娘家人的迫害，要把她抓回自己家去。而且基于没来由的嫉妒，她阻止爱人参加一切社交活动，这严重阻碍了艺术家的艺术创作。接着，她很快就堕入了难以治愈的精神疾病中。

而在另一个案例中，我观察了一位十分受人爱戴的先生，他自己是一位大学教授，多年来一直希望超越在学术上引他入门的导师，这也是情有可原的。后来，那位年长的导师退休了，如他所愿，有同事表示他就是合适的接班人。他自己开始犹豫，开始进行自我贬低，认为自己不配坐在这个本就为自己量身打造的位置上。接下来的好几年里，他都陷入了持续的犹豫，在学术上也一直毫无建树。

虽然这两个案例大相径庭，却碰巧有那么一个共同点，就是症状紧接着欲望的实现而来，令自己完全无法享受其中。

这样的糟糕体验和欲望法则之间产生了冲突，以致挫折蔓延，但也没有到无法消解的地步。内在挫折与外在挫折之间的差异，能够抵消这种矛盾。实际上，当满足力比多欲望的客体被抑制时，便产生了外部的挫折。但这种外部挫折本身并没有起作用，也不会引起症状，除非此时内在挫折也渗透进来。内在挫折源于自我，它会阻挠力比多如愿以偿。这时候，冲突便发生了，人也就可能出现神经症状。换言之，只要替代性满足的过程，通过无意识的方式迂回地进行，内在挫折就始终存在着。但是无论怎样的情况下，只有外在、真实的挫折为其设定了条件，内在挫折才可能产生作用。因此在那些不同寻常的个案中，都是成就导致了来访者症状的出现，原本内在挫折只是孤军奋战，只有外在挫折被欲望的满足所替代时，内在挫折便真正显露其面目。乍一看，好像这一切有点不可思议，但仔细一想也就不奇怪了，自我对无害的欲望往往可以长时间容忍，只要这种欲望存在于幻象中，与得到满足相距甚远。可一旦这种幻象慢慢接近现实，甚至几乎要成为现实的时候，自我会对此进行猛烈的防御。这与我们熟知的神经症结构之间，仅有的差别在于，此时的力比多会对幻象全神贯注，原本自我对其毫不在意，十分宽容，此刻却产生了可怕的敌对感。而另一方面，在我们现在讨论的情况中，冲突爆发的信号是由周围环境中实际的外部变故产生的。

精神分析工作能让我们很快明白，正是良心的力量禁止人们从现实的好运中获得长久渴望的欢愉。但想要探寻这些责难和惩戒倾向的源头和本质，倒的确是项艰巨的任务，因为它们往往出现在令我们意想不到的地方。基于第一部分的原因，我们在此需要了解或猜想的内容，和临床观察的个案并无关联，我们还是进入大作家们丰富的精神生活和广博的学识中，去探究他们创造的人物形象。

要说苦苦追寻某个目标，却因为目标实现而崩溃的形象，莎士比亚笔下的麦克白夫人就很典型。一开始的她毫不犹豫，内心没有一点冲突的迹象，她一切的努力，仅仅是为了对抗自己那野心勃勃却心慈手软的丈夫。她已经准备好牺牲自己的妇人之仁，只为实现自己杀气腾腾的目的。为了维护自己充满野心的目标，一旦有选择出现，她就会毫不犹豫地抛却自己的妇人之仁，选择罪恶、不择手段。麦克白夫人说：

来吧，你们所谓的高尚精神，
什么道德，什么妇人之仁，我毫不顾忌，
……来吧，看见妇人的胸膛了吗？
你们这些杀人犯，尽管把我的乳汁当作胆汁吧！
（第一幕第五场）
……我也曾哺育过孩子，我明白
哺乳的感觉是多么柔美：
但我若是像你一般作恶多端，
每当看到孩子天真的微笑，我愿意
将我的乳头从那柔弱的小嘴抽出，
一举敲碎他的头颅。
（第一幕第七场）

在她履行契约之前，心中也难免掠过一丝凄凉的挣扎和犹豫：

……若不是他熟睡时，
和我父亲那么相像，我可就下手了……
（第二幕第二场）

后来，在她杀害邓肯当上王后，似乎有一瞬间她暴露了一种感觉，仿佛幻灭，又仿佛过分满足。而我们深知其中缘由。她说：

……我倾其所有，却一无所有，
我欲求不满。
倘若安全的代价是毁灭，
那被毁灭的人，不是反倒其乐无穷？
（第三幕第二场）

尽管如此，她还是控制住了自己。在说完这番话后的宴会场景中，麦克白夫人独自保持着清醒，为丈夫披上长袍以转移其注意力，接着找借口将客人打发走了。然后，她便从我们的视线中消失，直到第五幕第一场中我们再次见到她时，她正在梦游，脑海中深深印着谋杀那晚的景象。即便到了这个时候，她还是一心想和丈夫齐心协力：

呸！我的陛下，你到底是战士，还是个懦夫啊？我们有什么可怕的！有谁能拿我们怎样？

有人敲门，这可吓坏了做了亏心事的丈夫。接下来，她又竭尽全力“在铁证如山下，洗脱自己的罪名”。她清洗着沾满鲜血、气味腥膻的双手，直到一切努力都成了徒劳。她似乎要被懊悔压垮，她看上去实在太懊悔了。去世以后，麦克白夫人变得和戏剧开场时一样冷酷无情，此时观众眼前只有她简短的墓志铭：

总有一天，她会与世长辞；
总有一天，是说这话的时候。
（第五幕第五场）

现在让我们扪心自问，是什么击垮了麦克白夫人，她仿佛浴火锻造出来的钢铁意志，只有幻灭吗？在成事之后，幻灭成为她成功以后所表现出来的另一面。那我们是否可以说，是因为麦克白夫人原本的柔弱和女性的天性被唤醒，她无法承受这种高强度的紧张。除此之外，我们是否还能从中看出一些端倪，找到更深层次的动机，为这场崩溃做一些更具人性光辉的探索呢？

要得出结论，似乎并不容易。莎士比亚的《麦克白》是一部“时势剧”，是为苏格兰国王詹姆斯六世即位而作的[1]。戏剧的情节是现成的，出自莎士比亚同时代的作家之手，莎士比亚用自己的惯用写法重新演绎了剧情。他明显地将情节和现实情况进行了类比。坊间传闻中的“贞女”伊丽莎白一世没有生育能力，还曾自称“生来贫瘠”。听到詹姆斯降生的消息，她痛苦地哭喊出来。由于没有子嗣，她不得不将王位传给苏格兰国王。詹姆斯的生母是玛丽·斯图亚特，虽然心有踯躅，伊丽莎白还是服从圣命处

---

[1] 在真实的历史中，苏格兰国王詹姆斯六世（James VI）的生母为玛丽·斯图亚特（Mary Stuart），玛丽父亲的表妹是英格兰女王伊丽莎白一世（Elizabeth I）。作为苏格兰国王詹姆斯五世（James V）唯一幸存的合法子女，玛丽在六岁时登基，成为苏格兰女王。后因牵涉第二任丈夫“达恩利勋爵谋杀案”，逃亡英格兰。起初她作为伊丽莎白一世的门客，后被囚禁并因密谋暗杀伊丽莎白一世而被处死。伊丽莎白一世无子嗣，且不能生育，只能指定詹姆斯六世兼任英格兰国王。《麦克白》首演于 1606 年，苏格兰国王詹姆斯六世于 1603 年继承英格兰王位，称詹姆斯一世。学界普遍认为，莎士比亚戏剧《麦克白》的创作与当时的政治形势有关。

决了她。尽管两个女人之间的关系，被政治上的阴云笼罩，但毕竟血浓于水，玛丽甚至还一度是伊丽莎白的门客。

詹姆斯一世的即位，简直就是对伊丽莎白一世没有子嗣的无尽诅咒，也是对香火传承之期望的真实写照。而莎士比亚的《麦克白》正是延续了这一反差鲜明的主题。命运三女神、“神秘三姐妹”让麦克白确信自己注定能称王，但她们又对班柯承诺，他的孩子最终将戴上王冠。麦克白被这一天命彻底激怒，他的野心已经覆水难收，他想建立一个王朝，不想再为不相干的人卖命。基于这一点，莎士比亚的这部戏剧就不该仅仅被看作一部关于野心的悲剧。很显然，麦克白无法得到永生，要打破那个让他事与愿违的预言，只有一个办法，那就是拥有自己的孩子，能够继承王位的孩子。因此，他便寄希望于精力旺盛的妻子，希望她能为他诞下儿子：

给我生下男孩吧！因着你如此无畏的气概，
你本该诞下的都是男孩……
（第一幕第七场）

同样很显然的是，如果他的愿望不能达成，他就必须屈服于命运。否则，他的一切行动都失去了目标，转而成为一个注定毁灭之人，出离愤怒，摧毁之前得到的一切。我们能看到麦克白正处于这一过程中，在这一悲剧的高潮处，我们会听到麦克德夫撕心裂肺的号哭，在此之前我们就认识到，哭声中的含义良多，或许包含了麦克白关键的转折点：

他没有子嗣！
（第四幕第三场）

毋庸置疑，这句话暗示着“正因为他没有孩子，所以才会杀死我的孩子”。然而，其中可能还有更多深意。这句话揭示出的根本动机，不仅促使麦克白远远背离了自己的真实本性，还暗示了他妻子如此强悍性格中唯一的弱点。我们回过头来看麦克白，从他盛极一时，再到麦克德夫的这番话，不难看出整部戏剧都根植于一种父子关系。杀死仁爱的邓肯国王这一行为，与弑父相差无几。而对于班柯一家，麦克白杀死了父亲却让儿子逃脱了。麦克白又由于麦克德夫的叛逃，而杀害了他的儿子。在女巫向他应验预言的场景里，他先看到了一个流血的孩子，又看到了一个登上王位的孩子。最先出现的戴着盔甲的头，无疑就是麦克白自己。而背景中升腾而起的凶相，正是复仇者麦克德夫，他自己就是代际法则中的一个例外，因为他并非母亲分娩所生，而是剖宫产下的。

这一切给诗人对报复行为进行的评判提供了很好的例证，麦克白和他夫人的不孕不育，正是对他们亵渎神明、犯下罪行的惩戒。这些惩戒的条件在于，因为麦克白让一对对父子天人两隔，于是自己就没办法当上父亲；麦克白夫人有着杀戮的需求，于是陷入了不孕的痛苦。我认为，我们都无须费力地过度解读麦克白夫人的病症，她从冷酷无情到懊悔不已的转变，正是因自己无法诞下子嗣而产生的反应，正因如此，她才下定决心要违抗命运的安排。但与此同时，她又发现没有子嗣让她无法真正享受到如愿以偿的快乐，而这一切的发生，她自己难辞其咎。

霍林斯赫德[1]的《编年史》，是莎士比亚《麦克白》情节的来源。麦克白夫人在这部著作中被一笔带过，其形象是一个煽动丈夫谋权篡位，好让自己当王后的蛇蝎妇人。而关于她命运的结局和性格的发展，《编年史》中只字未提。在霍林斯赫德的著作中，麦克白杀害邓肯国王登上王位，在位的十年中，他的形象却是个严苛却正派的统治者。直到这十年之后，麦克白才开始发生变化，这种变化源于班柯的预言即将实现，他的宿命即将到来，恐惧令他备受煎熬。这时，麦克白走投无路，杀了班柯，而且还和莎士比亚戏剧中一样，接二连三地对他人犯下罪行。霍林斯赫德并没有明确表示，将他推上如此绝路的原因是无子嗣，但无论是从时间还是从场合上，都暗示了这一点。莎士比亚的戏剧中却并非如此。悲剧情节一场接着一场，令人无暇喘息，因此戏剧人物口中的一周时间，我们必须将其看作确实有那么长。在这种快节奏的铺陈下，我们很难去想，麦克白夫妇二人性格发生转折的动机是什么。我们没有时间去缜密地思考，是不是因为生子的希望被浇灭，女人才变得如此颓唐，男人才变得如此癫狂。同样，戏剧情节中还有很多微妙的内在关系，其中的矛盾也难以解决，无论是莎士比亚的戏剧，还是其借引的作品，都指出了他们没有

[1] 拉斐尔·霍林斯赫德（Raphael Holinshed）：英格兰编年史家。他的著作《英格兰、苏格兰和爱尔兰编年史》（*Chronicles of England, Scotland and Ireland*），通常被称为《编年史》（*Chronicles*），是莎士比亚历史剧的主要参考来源。

子嗣这一原始动机，但在莎士比亚悲剧的时间线中，戏剧中的人物动机，显然还限制了人物性格的发展。

然而，这些动机又是为什么在如此短的时间内，就让一个虽有野心但优柔寡断的男人，变成了一个为所欲为的暴君呢？又是什么让那铁石心肠的煽动者，沦为了一个满心懊悔的失意女人呢？在我看来，现在还难以探明。我认为，要想透彻了解这三重晦涩的含义，或许实在没有希望。所谓的三重晦涩在于：一则戏剧文本没有得到很好保存，二则剧作家的动机未知，三则传说的主旨还未揭示。当然，我也不能断言这方面的调研一文不值，毕竟这部悲剧让观者产生了巨大的震撼。在这样的表现手法中，剧作家确确实实令我们折服于其艺术，但他无法阻止我们进一步地试着探寻戏剧影响背后的心理机制。对剧作家的一种争议认为，剧作家对于自然时长和事态持续时间的随意缩短，并将这样浓缩的情节呈现给观众，或许是由于其认识到，扭曲人们习以为常的可能性能够增强戏剧效果，但这似乎与我现在探讨的问题没有关联。因为对事实的这种牺牲之所以合理，正是因为其打破可能性的行为是开诚布公的，而且并没有因此破坏关键的逻辑。另外，如果戏剧中的时长本就没有定数，而不是明确地限制于某几天中，那么戏剧效果也不该因此受到诟病。

我们当然极不情愿放弃《麦克白》中这个似乎难以解决的问题，因此我决定进行另一种尝试，从另一个问题入手，对另一种评论进行解读。路德维格·耶克尔斯近来在一篇莎士比亚戏剧研究中，认为莎翁在戏剧中运用了诗歌的技巧。因此我们可以推论，他在《麦克白》中也运用了这样的技巧。耶克尔斯认为，莎士比亚常常将一种人格分裂安放在两个人物身上，如果不合二为一地看，他们单独的行为往往很难理解。或许麦克白夫妇二人就是如此。因此，如果片面地看麦克白夫人，全然不去考虑她的人格在麦克白身上的补足，那我们很难完全找到她行为的动机。在此，我并不会沿着这条线索进一步思考，但我无论如何需要补充一句，耶克尔斯的这个观点有一个强大的证明依据，请注意麦克白杀人的那个夜晚，他心中升起的那种恐惧并没有在他身上延续，反而转移到了他夫人身上。在干坏事之前出现了匕首的幻觉的人是他，但后面被精神错乱压垮的却是他的夫人。谋杀得逞以后，麦克白听见房子里传出哭声："醒来吧！麦克白杀死了沉睡的……"因此"麦克白再也睡不着了"，但此时王后应该没有听见本该令国王惊醒的幻听，却从床上惊坐起，郁郁寡欢地梦游，她的罪恶显露无遗。麦克白双手沾满鲜血，呆若木鸡地站着，悲叹于海洋也洗不净自己的罪孽，此时夫人却安慰道："一点点水就能洗濯我们的罪行。"但后来，是她洗了十五分钟手，依旧没能洗净血迹。"再名贵的阿拉伯香料，也无法让我这双小手变得香甜。"如此，她身上体现的，正是丈夫内心的痛苦。犯下罪行之后，夫人表现出无限懊悔，麦克白却表现得嗤之以鼻，而他们合二为一，就涵盖了人对罪行的应有反应，这仿佛就是两个独立个体的心有灵犀，或者说，他们就是一个原型被分为了两种不同意象。

关于麦克白夫人为何在取得成功之后崩溃这个问题，

如果我们还是难以解答，或许应该从另一位伟大剧作家的创作那里找点灵感，这位剧作家往往对人物心理的推演有着严谨的态度和不懈的追求，即易卜生的戏剧《罗斯莫庄》[1]。

在剧中，吕贝克·甘维克本是一位助产士的女儿。后来，在养父维斯特医生的影响下，她成了一位拒绝宗教生活的自由思想者，她对因宗教信仰而建立的德行和为生活中的欲望所套上的枷锁十分藐视。维斯特医生去世之后，她得以踏进罗斯莫庄[2]。罗斯莫庄是一个古老家族的世袭居所，家族成员都不苟言笑，他们恪守严肃负责的人生准则，杜绝一切享乐。居住在庄园里的，是约翰尼斯·罗斯莫牧师和他那多病的妻子碧爱特，他的妻子没有生育能力。由于吕贝克对高贵的罗斯莫产生了“狂野的、不可阻挡的”爱慕之情，她决定除掉罗斯莫那个阻碍她的妻子，而这正是拜吕贝克那“无所畏惧，生而自由”的欲望所赐，她的意志不受任何的道德约束。她设下计谋让碧爱特阅读一本医书，书中宣称繁育子嗣是婚姻的唯一目标。于是，罗斯莫可怜的妻子开始怀疑，自己的婚姻是否足够体面。接着，吕贝克又暗示碧爱特，说罗斯莫的想法和她一致，他们一起学习，正准备放弃旧的信仰，加入新的启蒙党派。之后，吕贝克又让这位妇人对自己丈夫的崇高道德产生动摇，她告诉碧爱特，自己很快就要离开这个家了，因为不想败露

---

[1] 挪威戏剧家亨利克·易卜生（Henrik Ibsen）创作的一部悲剧。被视为易卜生所有创作中最复杂、微妙、多义的戏剧之一。

[2] 在剧本中，吕贝克是罗斯莫庄园料理家务的人。

自己和罗斯莫私通的恶果。最终，这个罪恶的阴谋得逞了。可怜的妻子碧爱特陷入了悲痛与疯狂之中，她深感自己一无是处，认为自己配不上深爱着的丈夫，无法得到他的爱。于是她从桥上跳进水沟中自尽了。

接下来的一年多，吕贝克和罗斯莫在庄园中生活。正如吕贝克所希望的，二人保持着纯粹知识上的友谊。但是，外界的流言蜚语渐渐传开，影响到了他们的关系。同时，罗斯莫也为妻子的自杀疑惑不解，他感到十分痛苦。于是，他向吕贝克求婚，希望她成为自己的第二任妻子，这样，两人便能告别伤心的过往，迎接新生活（见第二幕）。一时间，吕贝克因为被求婚而欣喜大叫，但很快，她就坚称她绝不可能答应这件事。如果罗斯莫再逼她，那她就要走上碧爱特的老路。罗斯莫对吕贝克的拒绝大惑不解。我们当然更不知道吕贝克葫芦里卖的什么药，我们唯一能确定的是，她的拒绝斩钉截铁，真心实意。

那么，明明吕贝克先前的冒险如此无畏，毫无顾忌，她为了心之所愿，宁可不择手段，可为什么收获果实的时候她却选择拒绝呢？她在第四幕中亲自向我们做出了解释："这便是最糟的事情了。现在，一切的幸福都尽在我的掌握之中，可我心意已变，是我的过去，阻挡了我的幸福。"也就是说，此时的吕贝克已经和从前判若两人。她的意识已经觉醒，是她的负罪感阻碍了自己的幸福。

那么，她又是怎样觉醒的呢？让我们听听她是怎么说的，想想这些话能不能让我们信服："毕竟，这是罗斯莫眼中的人生，或许也是你们眼中的吧，我的意志受到了你们的感染……于是它出了点问题，从前无拘无束的我，现在被规训所驯服。而你，和你一同生活，让我的心灵升华了。”

我们能进一步了解到，只有当她和罗斯莫单独生活在一起之后，这种影响才开始起作用：“在平静地单独相处时，当你向我毫无保留地吐露你的心迹时，你给了我最柔软而精妙的感觉，让我有了翻天覆地的改变。”

就在说这话前不久，吕贝克还为自己的另一处变化悲伤着：“这罗斯莫庄园挫伤了我的力量，我从前的无畏已经在这里铩羽。我的无畏已经麻痹！我天不怕地不怕的日子已经不复存在！罗斯莫啊，我仿佛无力动弹了。”

吕贝克在向罗斯莫和他死去妻子的哥哥克罗尔神父供认自己的罪行之后，进行了上面一番陈词。其实，易卜生通过很多蛛丝马迹，以其精妙的表现手法，将吕贝克那种无意隐瞒却又吞吞吐吐的矛盾心理展现了出来。比如，虽然她不受一切偏见的束缚，却将自己的年纪少报了一年。同样，她在两个男人面前也并不是绝对坦诚，在克罗尔的一再坚持下，她对很多重要的问题进行了补充。因此，我们可以对其拒绝求婚进行这样的解释：吕贝克只是暴露了心中的一个动机，而掩饰了另一个。

显然，当她声称罗斯莫庄园的氛围，以及和高贵的罗斯莫共同生活的日子提高了她的贵族气质，也麻痹了她心中的意念时，我们没有理由怀疑这一点。但这并非她经历的全部，更不足以解释她的整个人格。罗斯莫对她产生的影响，或许只是一个幌子，用以掩饰另一个对她产生显著作用的影响。一个明显的迹象说明了这一点。

即使是在戏剧结尾，二人在真相大白后的最后一次谈话中，罗斯莫仍然要吕贝克做他的妻子。他因为吕贝克对他的爱，而原谅了她的罪行。而这一次，吕贝克的回答并不同于从前，虽然她确实良心发现，无法原谅自己对可怜的碧爱特犯下的欺骗罪行；然而，这个思想自由的女人对自己的责备，让我们深受感动的同时，却也有些莫名其妙。同时，这种罪责和吕贝克严正的口吻也不太协调："亲爱的，别再说这个了！这是不可能的，罗斯莫，你知道的，我的过去不堪回首。"显然，她的意思是自己曾经和别的男人发生过性关系。但是我们不难发现，这样的行为是出现在她的单身时期，那时候她并不需要对任何人负责，在她看来，她与罗斯莫结合的最大障碍并不是她对碧爱特犯下的滔天罪行，而是自己的过去。

罗斯莫拒绝了解这段过去。通过对整部戏剧的了解，将其中的各种隐晦提示拼凑在一起，我们可以推测这是为什么。况且这些暗示通过如此艺术化的手段穿插于整部戏剧中，我们甚至很难误解其中意涵。

在吕贝克第一次拒绝求婚，到其最终坦白罪行期间，发生了一些事情，这对她后来的命运走向有着决定性的影响。有一天，克罗尔神父到访庄园，故意对吕贝克极尽羞辱，他说自己知道吕贝克是个非婚生子，母亲死后养大她的维斯特医生，正是她的生父。他的语言犀利，满腔恨意，但他并没想到吕贝克之前对此毫不知情："我真的没想到你对这事一无所知，那可真是奇怪，你居然还让他收养你……”“你母亲刚去世，他就把你接去和他一起住。他待你一点也不好，你却仍没有离开。你知道他死后一个子儿也不会留给你，事实也是如此，你就得到了一箱子书，可你还是待在他家。你就这样忍受他，服侍他直到他临终。”“我想你所做的一切，都出于一个女儿的天性。我认为，你的所作所为完全是出身使然。”

然而，克罗尔错了。吕贝克对于自己是维斯特医生的女儿一事，事先一无所知。当克罗尔开始对她的过去含沙射影时，吕贝克都以为其另有所指。在她理解克罗尔的意思前，她都保持着镇定，因为她猜想，面前的敌人只是根据她的年龄而推算出了这个结果，因为她在第一次见克罗尔时，谎报了自己的年龄。但是，克罗尔用一句话瓦解了她的反驳：“好吧，就算是这样，但我的推测还是八九不离十，因为维斯特医生上任的前一年，曾到你们那里住过一段时间。”听到这个新信息，吕贝克乱了阵脚。她来回踱步，手心冒汗，说道：“不可能！这不可能，你是在对我使诈！这绝对不可能，你在胡说，绝不可能！”她如此出离愤怒，让克罗尔怀疑这件事其中还另有隐情。

克罗尔：可是我亲爱的维斯特小姐，你为什么如此激动？你真是吓到我了。我是不是应该认为……认为……你这是怎么了？

吕贝克：闭嘴！你什么都没必要知道，别猜了。

克罗尔：既然如此，那请你实话告诉我，到底这件事情是为何让你那么急火攻心呢。

吕贝克（竭力克制自己）：这很简单，克罗尔神父，我就是不能接受自己是个私生女。

吕贝克的反常行为着实可疑，而对此只能有一种解释。维斯特医生是他生父这个消息，真正击垮她的点在于，她除了养女之外，还是维斯特医生的情妇。克罗尔刚开口时，吕贝克猜想他是在暗指两人的这层关系，于是她打算用自己天生不受束缚的观念作为正当理由，来为自己申辩，但事实太出乎吕贝克的意料。克罗尔对二人的风流韵事一无所知，而她自己，对二人的父女关系一无所知。当她最后拒绝罗斯莫的求婚，并称自己有不光彩的过去，不配当他的妻子时，她脑子里可能还有另一个念头。也就是说，即使罗斯莫愿意聆听这段过去，吕贝克大概也只会坦言一半，将最重要的那部分藏在心里。

现在我们理解了，相比于之前的罪行，这段过去对于她来说，才是阻碍他们结合的最严重障碍，或者说，最严重的罪孽。

当她得知自己是亲生父亲的情妇时，她完全被心中那势不可当的罪恶感击垮了。她向罗斯莫和克罗尔坦言，自己就是杀人凶手。她彻底拒绝了用罪恶手段赢得的幸福，并且准备离开。但是在成功唾手可得的那一刻，她生发罪恶感的真正源头，依然还是个谜。那时我们只知道，除了罗斯莫庄园的氛围，以及罗斯莫对她的升华作用之外，也许还另有隐情。

跟随我们读到这里，你可能难免提出异议，而这个异议或许能够将我们的上述疑团解开。吕贝克在克罗尔的第二次到访之前，拒绝了罗斯莫的第一次求婚，此时克罗尔还没有揭示她的非婚生子身份，也就是说，那时候吕贝克对自己乱伦的事毫不知情，当然，这前提是我们没有误解剧作家的意思。然而，吕贝克的第一次拒绝已经显得煞有介事。那时候她对自己最不可饶恕的罪孽还一无所知，却已经拒绝了自己苦苦追逐的果实。推理至此，我们完全有理由认为，乱伦或许并不是她罪恶感的来源。

迄今为止，我们都在将吕贝克看作一个活生生的人，而不仅仅是易卜生幻想出来的形象，她一直受到我们最苛刻、理性的审视。现在让我们基于同样的背景来解释前述的异议。我们的异议在于，吕贝克的良心发现是发生在她知道自己乱伦之前。因此我们不禁要问，是什么让她产生了如此深刻的认识和自我审判，最终引起了她的一系列转变呢？那么，我们就难免要关注其第二个动机。吕贝克在听过克罗尔的讲述之后，她的行为以及后面的坦白都十分迅速，毫无疑问，她此时还受到一种更强烈、更关键的动机驱使，促使自己放弃到手的幸福。实际上，在这种情况下，她的动机构成是很复杂的，表面动机之下还有更深层次的动机。诗化文学的简洁法则要求诗人如此表现，因为此时的深层动机或许还不能浮出水面，而必须经由掩饰，让观众或读者产生一种若即若离的感官体验。否则，观众们基于极度悲伤的情绪，会对戏剧产生严重阻抗，让最终的悲剧效果大打折扣。

然而，我们还是有权利表明，表层的动机与被掩饰的动机之间一定不无关联，只不过前者可能是后者被弱化了的衍生物。基于剧作家们往往会将意识层面的逻辑和意识之外的无限可能加以组合，我们可以现在就假定他已经进行了此种安排。吕贝克的罪恶感的确源于自己对乱伦的羞耻，这一因果关系甚至在克罗尔的分析令其彻底醒悟之前，就已经存在了。

现在，我们循着作者先前的线索，来重建并补充这一推断，我们可以确定，吕贝克从自己母亲和维斯特医生的亲密关系中就能有所预感。在她接替母亲和这个男人在一起时，她应该就产生了深刻的印象，那时候她已经受到俄狄浦斯情结的强力支配，即使当时她万万没想到，这种众所周知的幻想会在自己身上成为现实。而到了罗斯莫庄园，这第一次体验到的内在驱力又卷土重来，让她通过明确的行为创造了和前一次如出一辙的情况，这样，她又能取代妻子和母亲的角色。虽然最初那一次的取代，她并没有采取任何行动，就将自己的父亲变为了丈夫。在她的描述中，她的语气十分坚定，具有充分的说服力，她述说了自己是如何违背意志，不受控制地一步一步除掉了碧爱特。

> 你一定会觉得我向来冷酷无情、自私自利吧！那时的我，确实和现在站在这里坦言的我判若两人。不仅如此，我认为我的心中有两种意志。我当然希望通过什么手段除掉碧爱特，但我从未想过这真的会成为现实。我每前行一步，都像是一场冒险，我总会听见自己心中有个声音在哭喊：别这样！别再这样下去了！然而，我无法停止。我不由自主地向前试探，哪怕只是挪动一点点，

头发丝那么一点儿就好。接着，就是一点一点，再一点……再接着，不幸就发生了。这就是事情的全部经过。

这番话并没有祈求饶恕，反倒都是真情实感。到罗斯莫庄园后发生在她身上的所有事，从对罗斯莫暗生情愫，到对女主人的憎恶，都是其俄狄浦斯情结的产物，是她对自己母亲和维斯特医生的强迫性复本。

正因如此，罪恶感才让她第一次拒绝了罗斯莫，这种罪恶感是非常隐秘的，与克罗尔点破她之后，驱使她最终坦白的那种罪恶感本质上是一样的。不过，她在维斯特医生的影响下，冲破了道德藩篱，变得思想自由，而后又因为爱上罗斯莫，转而成为富有良知和理想的人。她知道这一过程中产生的诸多心理活动，因此她才说罗斯莫的影响是她发生改变的动机，这个动机是经过合理化的，也是唯一被她意识到的。

一位训练有素的精神分析师深知，在一位姑娘进入一个家庭当女佣、伴读或者家庭教师之后，往往会有意无意地被卷进一场白日梦中，这场梦源于俄狄浦斯情结。她会幻想这家的女主人消失，而男主人将自己迎娶为新妇，这种幻想的发生是十分普遍而且一成不变的。《罗斯莫庄》这部伟大的作品，其情节正是讨论了这一普遍的少女幻想。而悲剧的发生，正是基于女主角的早期生涯的经历，她的真实经历表明，她已经彻彻底底地卷入了自己的白日梦中。

讨论了那么久的文学作品，现在我们回到临床经验上来。不过，由于二者表达的主旨高度吻合，因此我们也不必赘述。精神分析工作认为，获得成功后产生的疾病症状，正是良知的驱动力所诱发的，与挫折产生的其他情况一样，这类症状都与俄狄浦斯情结，即与父亲或母亲的关系联系甚密。而一切的罪恶感也是由此而来。

三 罪恶感引发的罪行

很多年长后十分正派的人在谈到他们的少年时代，尤其是青春期之前的经历时，都会供认自己做过一些越轨的行为，比如偷窃、欺诈，甚至纵火。对于这类陈述，我习惯于通过这样的评判来一笔带过：我们都知道，在人生的早年，我们正处于道德束缚的薄弱时期，我也不会尝试深挖与这类行为有关的故事。但最终，我还是不得不对这类事件进行更基础性的研究。因为在我工作的过程中，不少来访者都表示，他们在更年长的阶段发生了类似的犯罪行为。而且这类陈述十分突出，频率也不低。随着精神分析工作的推进，一个出人意料的结论浮出水面，人们作下这些恶，完全是因为这些事情是不能触犯的。越轨的人通过突破禁忌而享受心理上的快感。一般情况下，他们总会受到没来由的罪恶感的压迫，做完越轨之事后，这种压迫反而消解了。起码在某种程度上，这种罪恶感得到了合理解释。

虽然听上去可能有些矛盾，但我必须坚称一点，罪恶感是先于犯罪行为出现的，而非因犯罪行为而生，即人们会因为罪恶感而犯下罪行。如要对这些人进行恰当的描述，那就称他们为因罪恶感而生的罪犯吧。这本就存在的罪恶感，自然是作为其他现象或影响的后果而存在的。

科学的工作当然不满足于仅仅将概念厘清。我们要深入地解决两个问题：一是这种作恶之前的负罪感到底从何而来，二是这种因果关系能否在人类的越轨行为中起到显著的作用。

对前一个问题的解答，或许需要我们分析并解释人类共有的罪恶感的来源。在精神分析工作中，我们始终不变地认为这种罪恶感的来源是俄狄浦斯情结。它引发之后人们犯罪的两个目的，即杀父和夺母。当然，相比于这两者，那些因为消除罪恶感而引发的犯罪，往往程度较轻，相对易于承担。我们必须得记住，杀父和夺母显然是人类所能犯下的最重的两个罪行。只有在原始社会中，才有这样的寻仇泄恨方式。但我们同样不该忘记，还有不少研究提出了这样的假设，即人类如今表现出来的良知，正是在脑海中一代一代传承下来的，而其根源，就是俄狄浦斯情结。

对第二个问题的解答，则要跳出精神分析工作来看。对儿童来说，他们常常因为“调皮”而故意出现一些失范行为，这是很好理解的，被教训以后，他们马上就会安静下来，并且很有满足感。后来，我们在精神分析工作中，也找到了一些蛛丝马迹，发现有人因为罪恶感而故意犯罪。在成年罪犯中，或许我们要先将犯罪时丝毫没有罪恶感的人排除在讨论之外，他们要么道德观念缺失，要么认为当自己处于社会冲突中时，犯下罪行也是情有可原的。但除此之外，对不少罪犯而言，他们的犯罪手段是经过预设的，他们的犯罪动机或许真的是寻求惩罚，这一点也揭开了犯罪心理学中许多隐晦的地方，也为犯罪的量刑提供了新的心理学基础。

近来，一位友人引起我去注意这样一个事实，即尼采所认同的“因罪恶感而犯下的罪行”。这种早先就存在的罪恶感意识，以及通过犯罪而对这种感觉进行的合理化效用，早在查拉图斯特拉《论苍白的罪犯》[1]那阴暗的语境中就有所体现。那么，究竟有多少罪犯能算得上“苍白”呢？这个艰深的问题还有待我们进一步研究。

[1] 见尼采著作《查拉图斯特拉如是说》。

歌德作品《诗与真》中的童年回忆

（1917）

“要是我们试图回忆起幼儿时期的经历，我们往往会将从他人口中听说的事情，和自己亲身经历的经验混淆起来。”这段话出现在歌德自传《诗与真》的第一页。他开始写作自传时，已经六十岁了。而在这段话之前，歌德只写下了他出生的简要信息：“生于1749年8月28日，正午12时。”或许正是那天星象的会合呈现吉兆，他才得以存活。因为歌德刚刚降生时，差点被当作“一个死婴”。人们费了好大的劲，才将他的生命挽救回来。接下来的一小段话则描述了他儿时的居所，以及他和他妹妹最喜欢玩耍的地方。不过接着，歌德讲述了唯一发生在“幼儿时期”（快到四岁时？）的事情，而且他似乎只保留了对这一件事的记忆。

歌德是这样说的：

> 住在我家对门的冯·奥克森施泰因家的三个孤儿兄弟非常喜欢我，他们的父亲是已故的地方官。三兄弟总是注意我，还经常用各种方式取笑我。
>
> 家人总爱跟我说，他们几个是如何用尽损招去怂恿我做一些蠢事，但这三兄弟在其他场合又非常严肃而内敛。这样的“伟业”有很多，我在这儿就只举一个。有一次，家人刚从陶器集市上回来，不仅在厨房里堆满了下个季度要用的陶器，

还给我们小孩子买了玩的小陶具。在一个美好的午后，我拿着自己的玩具盘子和罐子到花房（就是之前提到的那里，和我家隔着一条街）玩，当时我实在无事可做，就扔了一个盘子到街上，还兴高采烈地看着它被摔得粉碎。而冯·奥克森施泰因兄弟看到我如此开心，兴奋地拍着双手，朝我喊道："再扔一个！"我毫不犹豫地将一个罐子扔到了铺路的石街上，他们还是不断地叫着"再来一个"，我一个接一个把所有的小盘子、蒸锅和炒锅都扔了出去。我这几位邻居继续附和我，而我也乐于逗他们开心。最后我把存货都丢光了，他们还在喊着"再来一个"。于是，我径直跑回厨房，接连不断地拿来盘子，更起劲地将它们全都摔碎：我就这样来回跑着，一个又一个去拿出盘子，因为放在架子上的盘子，我都能够到，但他们还是不满足，于是我将自己能拿到的任何东西，都用同样的方式摔得粉碎。过了一会，有人过来干预，我这才停手。我还毁了一堆东西，不过除了如此之多被损坏的陶器外，我留下了逗人发笑的故事，能让那些煽动者一生都记得这些开心事。

在精神分析还没有形成的时代，人们看到这个故事并不会寻找理由停下来思考，也不会因此而惊讶。但后来，精神分析下的道德感活跃起来了。人们对幼儿时期的记忆形成了明确的看法和预期，人们也希望对这些记忆进行更广泛的利用。人们不应该对童年生活毫无感触，并认为其完全没有意义，然后将它草草遗忘。或许我们可以如此猜测，仍然留在我们脑海中的童年片段，或许是我们整个人生中最重要的部分。无论这些记忆是在事发当时就影响深远，还是因为后续的事件而重新引起重视，其地位都是如此。

不过事实上，童年回忆的极高价值仅仅体现在少数事情上。通常而言，这些记忆似乎无关紧要甚至毫无价值，而且乍一看甚至有些令人难以理解，为什么偏偏是这些记忆能够一直不被遗忘呢？又是为什么，多年以来将这些记忆牢牢存放在脑子里的人，对这些记忆的理解，似乎要比那些聆听其讲述这段回忆的人更深刻呢？在这些记忆的重要性得到认识之前，人们必须对此进行某种解释工作，比如探究这些回忆的内容为何终究会被其他回忆所取代，或者揭示这些回忆与其他重要性得到了确定的经历之间有何联系，正因为这些经历，我们才会出现这样的“银幕式的记忆”（screen-memories）。

在对每一个来访者的个人生命史进行精神分析的过程中，我们往往都需要揭示来访者早年经历的意义。事实上，这类记忆往往就是来访者最先提到的事情，他会先讲述这件往事，然后开始坦白。这足以证明早期记忆是通往其心理世界最关键的那一把钥匙。然而在《诗与真》中讲述的童年情节，却实在无法满足我们的期望。我们再用对待来访者的方式来解释，或许就不奏效了。歌德传记中的这段情节本身似乎与作者晚年给我们留下的印象毫无关系，一切无迹可寻。一场淘气的胡闹使家庭财产蒙受了损失，而这只因无关人等的教唆而起，这显然不太适合作为歌德毕生经历里的一个点缀，并让我们知晓。这个童年记忆给我们的印象就是无关紧要的，远离主题。充其量我们将这个故事作为一个警告，让自己不要将精神分析的结构范围扩展得太大，以免应用到不恰当的地方。

因此在很长一段时间里，这个小问题都被我抛在了脑后，直到有一天，我恰好遇到了一个与歌德有着相似童年记忆的来访者，但他的童年记忆以一种清晰联系的方式呈现。这是一位 27 岁的男子，他受过良好的教育，很有天赋。但他的人生一直处于和母亲的冲突中，这令他的所有喜好受到影响，因此他恋爱的能力和事业上的独立也受到很大挫伤。而这种冲突可追溯到他很小的时候——确切地说是他四岁时。四岁以前，他是个体弱多病的孩子，但那段日子对他而言闪闪发光，如同身在天堂。因为那时候他独享着母亲全部的爱，不受任何人打扰。然而还不到四岁时，他的弟弟出生了，这个弟弟现在还在世。他对这突如其来的烦心事的反应，便是性情大变，成了一个偏执而不服管教的男孩。他总是触怒母亲，使得她对他严加管教。从此，他走上了一条不归路。

他来找我进行治疗的时候，早就将自己对弟弟的嫉妒（在他小时候，这种嫉妒一度严重到他会去攻击躺在摇篮里的弟弟）遗忘殆尽了。他来找我的原因，也并非因为偏执的母亲对精神分析心生恐惧。他现在对弟弟关照有加。但来访者偶尔会出现一些匪夷所思的行为，他会突然伤害最心爱的动物，比如他精心饲养的猎犬和有小鸟，而这一系列行为，或许可以理解为他年幼时对弟弟冲动敌意的反映。

这位来访者讲述到，在他带着恨意攻击弟弟的那个年龄段，他曾将手边能够拿到的所有陶器都从自家别墅里扔到路上，这和歌德在《诗与真》中讲述的童年经历如出一辙。我要强调一下，我的来访者是位外国人，对德国文学没什么研究。他更是从未读过歌德的自传。

这次交流，自然对我有所启示，那就是我们不能忽视来访者的故事，应该以此为线索去尝试解释歌德的童年记忆。但对于歌德童年记忆的解释中，是否存在像来访者一样的必要冲突呢？事实上，歌德本人非常希望冯·奥克森施泰因兄弟对童年时的恶作剧负责。但是在歌德自己的叙述中，这几位年长的邻居只是撺掇他做了正在做的事而已。事情还是因他自己主动而起，而且他自己也在开头说了，这件事的发生是由于“当时我实在无事可做”，因此很明显，并没有任何人强迫他犯事儿。他在多年以后写下这段剖白时，或许也并没有意识到自己这一系列行为的真正动机。

众所周知，约翰·沃尔夫冈·冯·歌德以及他妹妹科尼莉亚，是这个家庭体弱多病的孩子里最年长的两个幸存者。汉斯·萨克斯博士非常贴心地帮我收集了下面这份细致的资料，他们是歌德在童年时期就夭折的兄弟姐妹们。

（a）赫尔曼·雅各布。1752 年 11 月 27 日星期一受洗。1759 年 1 月 13 日火化。六岁六周时夭折。

（b）卡萨琳娜·伊莉莎贝塔。1754 年 9 月 9 日星期一受洗。1755 年 12 月 22 日火化。享年一岁四个月。

（c）乔安娜·玛丽亚。1757 年 3 月 29 日星期二受洗。1759 年 8 月 11 日火化。享年两岁四个月。在哥哥歌德的口中，她是个不折不扣的小美女。

（d）乔治·阿道夫。1760 年 6 月 15 日星期日受洗。1761 年 2 月 18 日火化。只活到八个月大。

而歌德最大的妹妹科尼莉亚·弗里德里卡·克里斯蒂娜生于 1750 年 12 月 7 日。那时歌德才 15 个月大。在那么小的年龄差距下，她不可能成为歌德的嫉妒对象。众所周知，在孩子产生情感意识以后，并不会发展出对比自己早出生的哥哥或姐姐的什么暴力反应，但对于家里的新成员，他们毫不隐讳自己的敌意。上文那个我们想要解释的恶作剧发生的时间与歌德的年龄（还太小）和科尼莉亚出生的年龄并不相符。

而最大的弟弟赫尔曼·雅各布出生时，歌德三岁三个月。大约两年后，在歌德五岁左右时，二妹妹出生了，这两个年龄倒是能够和砸陶器那天的片段对上号。这和我的来访者的情况如出一辙，他的弟弟也是在他大约三岁多时降生的。

那么，歌德的弟弟赫尔曼·雅各布就应该是我们尝试解读的对象，但他在歌德家受到悉心照料的时间并不长，因为紧接着就有更小的孩子出生。令我们惊讶的是，歌德的自传里，没有一个字提到他对雅各布的回忆。[1] 在雅各布六岁夭折时，歌德已经将近十岁了。在我的诚邀下，爱德华·希奇曼博士好意地在此做出了如下评注：

> 当时也还是个小男孩的歌德，对于弟弟的去世并没有表示遗憾。起码我从贝提娜·布列塔诺（Bettina Brentano）的记述中得知，歌德的母亲曾表示她非常震惊，作为歌德的弟弟和玩伴，雅各布在去世后，歌德居然没有流下一滴眼泪；他反而对父母、妹妹的悲痛感到很生气，还站出来表示抗议。而当后面母亲问他是否不喜欢弟弟时，歌德跑回了房间，从床底下抱出一叠纸，上面写满了课文和小故事，他说这些都是他教给弟弟的。作为兄长的歌德在弟弟雅各布面前，总是非常乐于扮演父亲的角色，并以此显示出自己的优越感。

现在我们能够建立起一种观点，即歌德将陶器扔出窗外是一种象征性行为，或者更准确地说，是一种有魔力的行为，孩子（歌德和我的来访者都是如此）会通过这种方式表达自己将新闯入者完全摆脱的愿望。我们没有必要去质疑摔碎东西对于孩子的乐趣。如果一种行为本身很令人愉悦，那么这种开心的行为就不会成为阻碍，反而成为为了其他目的不断重复这件事的诱因。然而，我们并不认为

---

[1] 但在《歌德自传：诗与真》中，提到了这位弟弟，歌德对他进行了描述："他体弱多病"，"是个细心、安静而和善的孩子，我们之间的故事很少。他还很小的时候，就因病去世了"。此处弗洛伊德记忆有误。

这种肆意破坏带来的乐趣，一定会确保这段记忆永远留在孩子成年以后的脑海中。但我们也不反对基于进一步的考虑而将这种行为的动机复杂化。破坏陶器的孩子非常清楚，自己调皮捣蛋会受到大人的苛责，但如果这种认知都无法限制他的行为，或许他就是对父母有些怨恨，需要通过破坏来解恨。他希望将自己的调皮展现出来。

即使孩子单纯地将易碎物砸到地上，也能满足其破坏东西的快感。但将这些东西从窗外扔到街上则仍有进一步解释的空间。这种“把它扔出去！”的想法似乎才是整个有魔力的行为的核心所在，而其中的隐含意义也就此浮出水面。新生的孩子必须被丢出去，从窗子丢到外面去，因为他很可能就是从窗户进来的。至此，整个行为都能从大人常常告诉给孩子的一个传说中得到解释，这个传说就是，鹳鸟给孩子带来了一个弟弟或妹妹[1]。孩子们因此确信，“鹳鸟会再将这些弟弟或妹妹带走的”。

然而，我们同样不能忽视他人对此的反对意见。对于认为某种内在不确定性导致孩子们产生如此行为的看法，我们先不予理会，还有一种反对意见认为解释孩子的行为时，并不能这样简单地类比。就这个原因，近年来我总是

---

[1] 许多文明中都有鹳与分娩相关的传说。最为典型的是希腊神话中，宙斯的妻子赫拉（Hera）嫉妒凡人女王格蕾娜（Gerena）的美貌，愤怒的赫拉将格蕾娜变成了一只长颈鹳，并命令她飞走。格蕾娜不想离开她刚生下的孩子。因此，已经变成了鹳的格蕾娜抱起婴儿，将其包裹在毯子中，然后用喙将其抱走。此外，《安徒生童话》中也有一个故事，讲述鹳如何从池塘深处挑选熟睡的婴儿，并将其送到附近村庄的家庭。

纠结于自己基于《诗与真》中的小片段而提出的理论。直到有一位来访者在分析开始时说了下面的话，让我在此逐字复述一下：

> 我在家中的八九个兄弟姐妹里是老大。我能回忆起的最早记忆，是我爸爸穿着睡衣坐在床上，笑着跟我说我有了一个弟弟。那时候我三岁九个月，我刚好比最大的弟弟年长那么多。而我记得就在那之后不久（也可能是在那事的头一年），我扔了好多东西，几把刷子（也可能是一把）和鞋子，还有别的，我把它们从窗户扔到了大街上。我还能想起更早的事情。在我两岁的时候，我和我父母一起待在酒店的房间里，我们当时是要去萨尔茨卡默古特，中途在林茨住了一晚。整个晚上我都焦躁不安，无休止地吵闹，最后逼得我父亲打了我一顿。

听了他的这段坦言，我所有的怀疑都烟消云散了。精神分析中的两个事件一个接一个发生，仿佛是一口气似的，我们必须要正视这两件事情的联系。因此，正如来访者曾说过的那样，“正因为我得知自己有了个弟弟，我才将那些东西丢到了街上”。他接连将刷子、鞋子等东西扔到街上，这种行为显然可以看成是对弟弟出生的反应。而且这个案例中使我们满意的一点还在于，这个孩子，扔出去的不是陶器而是其他东西，只要孩子能够得到。

将这些东西使劲扔出去（从窗子丢到街上），其重点在于动作，孩子们能从这个动作导致的破裂、噪声中获得愉悦，而被孩子“行刑”的具体是什么东西，这是可变的，也是无关紧要的。

如果我们专注于追溯联系，那就自然不会放过这位来访者说的第三段童年回忆。虽然他最后才谈起，但其发生的时间却是最早的。这一点很好解释，我想那个两岁的孩子之所以如此闹腾，是因为不想让父母睡在一起。在旅途中，让孩子看到这一幕或许不可避免。这个嫉妒的小家伙心中激起了诸多感受，其中一种就是对女人的愤怒，而这种感受长期而稳固地留存下来，会影响到其爱恋能力的发展。

在对这两个案例进行观察后，我在维也纳精神分析学会的一次会议上阐明了这一观点，更印证了这类事情在孩子群体中并不少见。在我观点的基础上，给出了两个更加深入的案例，我在这里也将其附上。

（一）

小埃里克大约三岁半的时候，突然养成了一个习惯，就是将一切自己不喜欢的东西扔出窗外。后来不仅如此，那些没有碍他事的，与他无关的东西也会被他扔出去。在他父亲的生日那天，三岁四个半月的他将一根很沉的擀面杖，从厨房拿到了餐厅，从三楼露台的窗户处扔到了街上。过了几天，他又将家里的研钵、爸爸的一双登山鞋也扔出去了，而这两样东西是他打开橱柜拿出来扔掉的。

那时候小埃里克的母亲刚好流产了，胎儿都已经七八个月大，自那以后，这个孩子变得“甜美、安静，简直有了颠覆性的改变”。而在母亲怀孕五六个月时，他总是跟母亲说：“妈妈，我要跳到你肚子上。”或者说：“妈妈，我要把你的肚子压扁！”就在十月份母亲流产的前几天，他还说：“要是我必须有个弟弟，那也要等到圣诞节以后。”

（二）

一位十九岁的女士对其自发产生的最早记忆叙述如下：

我记得那时候我调皮得可怕，会跑到餐厅的桌子下面坐着，正准备爬出来。桌上有一个用来喝咖啡的马克杯，我甚至能很清楚地记得那个陶器的形状，我将它扔出了窗外，然后我奶奶就进了房间。

事实上，当时没人惹我，就是当时咖啡表面结了一层膜，而我直到现在都还很怕那种膜。

那一天，小我两岁半的弟弟出生了。因此那天没有一个人有空顾及我。

他们告诉我，那天的我简直让人难以忍受。晚餐时间我把父亲最喜欢的玻璃杯摔在了地上，我无数次弄脏自己的衣服，傍晚那段时间更是暴躁得不行。我在盛怒之下把洗澡时玩的娃娃都撕碎了。

对这两个案例，几乎不需要进行任何评注。不需要深究，就能分析出那两个带着怨气的小孩，因为假想敌或实际的竞争者出现，都出现了将东西扔出窗外，或者其他调皮捣蛋的毁灭行为。在第一个案例中，那个“重物”可能象征着他母亲，只要新生的兄弟姐妹不在场的时候，孩子的愤怒直接指向了母亲。

三岁半的孩子得知母亲怀孕，对母亲肚子里有个小婴儿深信不疑。不久前，一位五十多岁的妇女的自述进一步证实了这种怀孕象征。家里人常常给她讲，当她还是一个不会说话的孩子时，每当大货车从街上驶过，她就会激动地把父亲拖到窗子边。通过她对家里房子的回忆，我们可以推断当时她还不到两岁九个月，大约就在那段时间，她的弟弟出世了。由于家庭成员的增加，他们搬了一次家。与此同时，她时常在入睡前出现恐怖的感觉，觉得一个可怕的庞然大物向她扑来。“她的手变得沉重起来。”而在第二个案例中，那个孩子的年龄非常小，只有两岁半，这很值得注意。

让我们再回到歌德的童年记忆，将我们在其他孩子身上的观察结果代入《诗与真》中同样的位置，我们会发现如果不这样做，我们就无法探索到毫无破绽的联系。歌德的自传接下来写道：“我是个幸运的孩子：即使我来到世上时是个‘死婴’，命运还是将我救活了。命运甚至带走了我的弟弟，因此我不用和他分享母亲的爱了。”而接下来，歌德的思维又联想到家中其他过世的人。比如他的祖母，她生前仿佛是一位安静而友善的精灵，居住在房子的另外一侧。

不过，我在其他文章中讲过，毫无争议，歌德是母亲最深爱的孩子，她终其一生都为儿子骄傲，而这种极度成功所建立的自信，今后往往也会为孩子带来真正的成功。有句话是这样说的：“我的一切力量，都扎根于我和母亲的关系之中。”将这句话放在歌德自传的开始，简直再合适不过了。

细思极恐

（1919）

一

很少有哪一位精神分析学家会对美学主题的研究感到紧迫，尽管对于美学的理解可能并不限于“美”的理论，还包括感觉的理论。精神分析学家会研究人精神生活的其他一些方面，因为他们各自的研究目标所限，很少有人会研究审美这种不那么重要的情感活动。但这些与审美有关的心理活动会依赖于各种各样与之共生的因素。这些心理活动也常常为美学研究提供素材。不过，精神分析学家也确实时常会对美学中某个特定领域的主题产生兴趣；而且事实证明，这些领域都是研究中的边缘地带，在标准的美学作品中往往被忽视。

“细思极恐”这一主题正属于这样的领域。毫无疑问，它包含的一切都很可怕，它们都会激起人的恐惧，让恐怖蔓延。同样确定的是，这个字眼不一定用来形容某一种明确的感觉，它的含义往往可以代表任何能够引起恐惧的事物。我们也能预料到，细思极恐意味着某种内在的特性。人们一定很好奇，到底是什么特性，能让我们将“某件事细思极恐”从一切细思极恐事物的范畴中挑选出来。

我们并没有在详细阐述美学的论文中，发现对这一话题的研究。这些论文往往更关心美丽的、吸引人的、崇高的事物。也就是说，美学论文所关注的是人们积极的情感，以及唤起这种情感的环境和对象。而那些与此相对的令人不快和厌恶的情感则无人问津。我所知道的唯一尝试进行“细思极恐”主题的研究，是一篇临床心理学文献。它是由恩斯特·詹池撰写的。这篇文章结论颇多，但是比较笼统。[1] 但我必须坦言，我并没有在这一领域进行十分彻底的文献研究。尤其是于此话题有重要贡献的外国文献，我也没有认真分析过。其原因在此时也是显而易见的。[2] 因此我不敢说自己呈现给读者的文章，就是最前沿的。

在这篇论文中，詹池强调了研究“细思极恐”所遇到的障碍。这一障碍就是，人们在感觉的敏感度上良莠不齐。本文作者也应该为此感到愧疚，因为他自己在这方面就很迟钝，而这个问题本身应该需要非常敏锐的感觉才行。詹池早就经历或者听闻过令他留下细思极恐印象的事物，但在他开始研究之前，他必须先让自己转换到细思极恐的感觉之下，并且让自己意识到细思极恐的事物有可能出现。然而，相比于美学的其他众多分支，这一领域因自身性质而显得尤其困难。不过我们也不必感到绝望，毕竟关于该问题的性质，在某些个案中，不少人能够毫不犹豫地辨别出细思极恐的感觉。

在一开始，我们有两条路径可以走。其一，我们可以从“细思极恐”这个词的历史演进，找到其相关的意义；其二，我们可以将人物、事物、感受、经验，以及场景内

[1] 此处指恩斯特·詹池（Ernst Jentsch）发表于 1906 年的论文《论细思极恐的心理学》（*Zur Psychologie des Unheimlichen*）

[2] 此处指当时刚刚结束的欧洲战争。

的这种特性搜集起来，它们都能令我们感到细思极恐。而接下来我们就能从这一切的共同点中，推演出细思极恐的性质。我有言在先，这两条路径是殊途同归的：细思极恐属于令人害怕的范畴，令我们害怕的事物，往往是我们早已知晓，一度非常熟悉的。那么在怎样的情况下，熟悉的事物会变得让人细思极恐、令人胆寒？接下来我就展示给大家。我先补充一点，我以往的研究通常是在收集了一定数量的个案后开始的。我会从他们的语言中进行检验，最终验证假设。然而在论述这个问题时，我会采用与此对立的另一种方法。

德语单词“unheimlich”的反义词很显然是“heimlich”和“heimich”，意为“熟悉的”“本土的”“自家的”。那么我们或许会武断地得出这样的结论，认为“细思极恐”一词之所以表示“害怕”，就是因为其让人不可知、不熟悉。但很显然，并非所有新鲜的、不熟悉的事物都令人害怕，前述的关系似乎不可逆。我们只能说新事物令人害怕、不熟悉的可能性较大；有些新事物确实令人细思极恐，但并不能一概而论。

总而言之，詹池的论述还局限于“细思极恐”和“新颖”“不熟悉”之间的关系。他将人们产生这种细思极恐感觉的原因，本质上归结为理智上的不确定性。因此，人们之所以会感觉细思极恐，往往是因为他们不了解自己当下的处境。这也就是说，一个人越是适应自己的处境，其周围环境中的物体和事物就越不容易让他留下“细思极恐”的印象。

我们不难看出，这种定义是不够完整的，因此我们要试着跳脱出德语中“unheimlich”与“不熟悉”的对等意涵。我们先来看看其他语言。然而外文词典里也没什么新的收获，大概是因为我们的语言比较与众不同。事实上，在我的印象中，很多语言中都没有词语来表达这一令人害怕的特殊变量。

我想对为我提供以下摘要的西奥多·雷克博士致以深深的谢意，他总结了许多语言中与“细思极恐”有关的语词：

拉丁语：引自卡尔·乔治，《德语－拉丁语词典》（*Deutschlateinisches Worter-buch*）

“Ein unheimlicher Ort”意为“一个让人害怕的地方”——“locus suspectus”意为“令人疑虑的地方”；“in unheimlicher Nachtzeit”意为“在一个恐惧的夜晚”——“intempesta nocte”意为“在那个晚上”。

希腊语：引自《罗斯特和申克尔词典》（*Rost's and Schenkl's Lexikons*）

“ξένος”意为“陌生的”“外国的”。

英语：引自卢卡斯、贝洛、弗吕格尔、米雷－桑德斯（Lucas，Bellow，Fliigel，Muret-Sanders）编撰的英语词典。

“uncomfortable”意为“不适的”；“uneasy”意为“不安的”；“gloomy”意为“忧郁的”；“dismal”意为“沮丧的”；“uncanny”意为“难以解释的”；“ghastly”

意为阴森的；“haunted” 意为“（形容房屋）诡异的”；“a repulsive fellow” 意为“（形容人）讨厌的”。

法语：引自塞萨尔·维拉特（Sachs Villatte）所编纂的法语词典。

“Inquiétant” 意为“忧虑的”；“sinistre” 意为“险恶的”；“lugubre” 意为“阴郁的”；“malàsonaise” 意为“局促的”。

西班牙语：引自托尔奥森编撰的西班牙语词典（1889）。

“sospechoso” 意为“可疑的”；“demalagüero” 意为“不祥的”；“lugubre” 意为“阴郁的”；“siniestro” 意为“险恶的”。

意大利语和葡萄牙语对这个词的表述，似乎可以称得上过于迂回。在阿拉伯语和希伯来语中，“细思极恐”就和“恶魔般的”“阴森的”同义。

接着，让我们回到德语上来，在丹尼尔·桑德斯编撰的《德国大词典》中。关于“heimlich”一词的释义如下：

heimlich，形容词。

I. 也作 heimelich，heimelig。意为自家的、不奇怪的、熟悉的、驯服的、亲密的、舒适的、家庭的等等。

（a）（古义）属于某人家中或某个家庭，或指被看作某个家庭的（参见拉丁语中的 familiaris）：die heimlichen，家中的一员；der heimliche rat，可将秘密告知的人，今常用 geheimer rat（枢密院议员）。参见 heimlicher。

（b）（形容动物）驯服的，与人相伴；与野生对立。例如“野生动物……经过驯化（heimlich）成了家养的，与人类相伴”“要是这些小动物被人从小养大，就会表现得很驯服（heimlich）、很友善”等等。

（c）友善的、亲密的、如家人般的；令人十分满足而生发的快乐；等等。当一个人身处自家的房间时，生发出的一种平静的快乐和安全感。例如“当陌生人正在你的国家滥砍滥伐时，你难道还觉得他们友善（heimlich）吗？”“她和他在一起时，感觉一点都不亲密（heimlich）。”“房子里的神秘气息（heimlichkeit）被打破了。”“我找不到比这里更亲切和友善（heimlich）的地方了。”“封闭的空间让我感觉十分神秘（heimlichkeit）。”“一位仔细的家庭主妇，她知道如何花最小的开支打理最惬意的家庭（heimlichkeit/hauslichkeit）生活。”“新教统治者认为身处天主教徒中，让他感到……不安定（heimlich）。”“当一切变得祥和（heimlich）而寂静，黑夜的寂寥就会笼罩你的小屋。”“这里安静、可人又祥和（heimlich），对她而言没什么地方比这里更适合休息了。”“水流来回荡漾，梦幻而宁静（heimlich），仿若一首摇篮曲。”

尤其是施瓦本语和瑞士语作者，他们常会将这个词当作三音节词使用:“家里的夜晚还是如此宁静（heimlich）。”“温暖的房间与宁静（heimelig）的午后。”“他们一点一点地放松下来，彼此之间也友爱（heimelig）起来。”“那些远道而来的人……他们肯定无法感觉像在家里（heimelig/heimatlich），也无法觉得自己在人群中被当作邻居一样（freundnachbarlich）。”“从塔上传来的哨兵号角声是多么祥和（heimelig），听上去是如此友善热情。”这类词语的形态应该使用得更普遍一些，否则不小心就会和II（见下文）中的意义混淆——“扎克斯（Zecks）一家都很‘神秘’（heimlich）。”“‘友善’（heimlich）？你是怎么理解这个‘友善’（heimlich）的？”“呃……他们就像一片干涸池塘里藏着的泉眼，要是路过他们家，又会感觉那泉眼里会忽然冒出水来。”“噢，我们管这个词叫‘细思极恐’（unheimlich），你却管它叫‘友善’（heimlich）。那好吧，是什么让你觉得这家人很神秘，而且不可信赖呢？”——古茨科（Gutzkow）。

> II. 隐藏，蛰伏于视线之外，因此无法被他人了解，回避他人。（悄悄）偷走（heimlich）；秘密（heimlich）会议和提名，见到别人的窘态暗暗（heimlich）高兴；私下（heimlich）叹息和哭泣；行为鬼祟（heimlich），仿佛要掩盖什么似的；秘密（heimlich）恋爱，不正当的恋爱关系——罪过；隐秘的（heimlich）地方（见《撒母尔记上篇》第五章第六节）；隐蔽的（heimlich）宅室（厕所），

（见《列王纪略下篇》第十章第二十七节等）。“投进圈套或秘密行动（heimlichkeit）。”“将马匹悄悄地（heimlich）在拉墨俄冬（Laomedon）之前带到。”“对付凶残的主人要尽可能秘密地、悄悄地（heimlich）、哄骗地、怀着恶意地……对待不幸的朋友要尽量地坦率、公开、同情、有助。”“神奇的魔术（the heimlich art）”“公众言论在哪里被禁止，哪里的阴谋诡计（heimlich machinations）便猖獗起来。”“自由是诡谲的（heimlich）阴谋家咕哝着的口令，也是革命家张扬战斗的高调。”“神圣却秘而不宣的（heimlich）含义。”“我的根扎得很深（heimlich），我由深深的泥土下成长为人。”“我鬼鬼祟祟地（heimlich）胡闹。”［与“胡闹、恶作剧”（Heimtueke）辨析］“发现、揭露、某人的秘密行径（Heimlichkeiten）。”“将密谋（Heimlichkeiten）掩藏起来。”

unheimlich 的反义复合词可见意义 I（见上文）。unheimlich：不安的、恐惧的、令人毛骨悚然的。“这对他而言简直令人毛骨悚然（unheimlich），仿若幽灵一样。”“很久以来我都有一种恐惧（unheimlich）感，甚至可以说是阴森森的感觉。”“感到一种令人胆寒（unheimlich）的恐怖。”“阴森（unheimlich）而寂静，仿佛一尊石像。”“这种神秘的（unheimlich）薄雾叫作山雾。”“这些脸色苍白的年轻人真叫人细思极恐（unheimlich），天知道他们会搞什么鬼！”“‘欲盖弥彰’（unheimlich）是指那些本应有所保留……应该被隐藏和保密，却显露出来了的东西。”——谢林（Schelling）

“为了掩盖其神圣性，用一层细思极恐（unheimlichkeit）的东西粉饰了它。”——作为意义II.的反义词，unheimlich一词并不常用（见上文）。

在这段长长的摘录中，最让人感兴趣的就是在“heimlich”这些各有细微差异的含义中，我们发现了一种含义，其与反义词“unheimlich”竟然同义。也就是说，表示“heimlich”的词被用于表示“unheimlich”了。[参见古茨科那段引文:“我们管这个词叫‘细思极恐’（unheimlich），你却管它叫‘友善’（heimlich）。”]通常对我们而言，“heimlich”一词是不会有歧义的，其含义分为两类，两类意思虽然不是对立的，但是大相径庭：一类意思是熟悉而宜人，另一类意思则是指隐秘于视野之外。而我们说过，“unheimlich”一词通常只用于表示“heimlich”第Ⅰ类意思的反义词，对第Ⅱ类而言并无反义。桑德斯的字典告诉我们，这两类含义之间根本没有任何词源上的联系。但我们注意到，谢林的那句话对于“细思极恐”这个概念，又给出了新的启发，这是出乎我们意料的。据他所说，一切应该被掩藏和保密的细思极恐（uncanny）的事情，最终都会水落石出。

如果参阅格林的词典[1]，我们心中的疑虑便会被打消。

---

[1] 雅各布·威廉·格林:《德语词典》，莱比锡，1877。

我们可以看到如下解释：

heimlich，形容词和副词。本土的（德语：vernaculus），隐匿的（德语：occultus）；中古高地德语：heimelich，heimlich。

第 874 页：有一个含义比较特别："我感到安全（heimlich）了，对，不再恐惧了……"

（b）heimlich，同样表达对某地感到不那么害怕……感到熟悉、有爱和亲密。

4. 由"在家里一样""属于家庭的"这类意思又引申出"逃避于视线之外的""隐匿的""秘密的"这类意思，而这一引申又以很多形式向外扩展了……

第 876 页："在这片湖泊的左岸，有一片牧场隐匿（heimlich）在树林中。"见席勒：《泰尔》……这是诗歌的破格修辞，在现代语言中很少会用到……在此与动词联用，表达"隐匿"这一动作："他藏（heimlich）在了帷幕的隐秘之处。"见《诗篇》第二十七章第五节……人类的私处（heimlich），特指女性的阴部："那些还未死去的人被重击［隐私（heimlich）部位］。"见《撒母耳记上篇》第五章第十二节……

（c）那些说话很有分量，并且要为国家事务保密的官员，被称为枢密院（heimlich）顾问官；依据现代的用法，该形容词可以用"秘密的"（geheim）一词代替……"法老称约瑟夫为'知晓一切秘密的人'(枢密院顾问官)"见《创世纪》第四十一章第四十五节。

第878页:6.heimlich关于知识、神秘主义和讽喻的用法:指一种"隐秘"(heimlich)的含义,神秘的,神圣的,隐喻的,形象的。

第878页:heimlich还有一种与此不同的用法,即无知的,无意识的……heimlich同样可表达不明了的,不可知的……"你没看见吗?他们不信任我;他们畏惧弗里德兰德公爵那深不可测的面孔。"见《华伦斯坦的军营》第二幕。

9.关于该词在"隐匿的""危险的"意义上的引申用法又进一步发展,因此"heimlich"一词也就有了通常是其反义词"unheimlich"所具备的含义。"当时我就像是一个在夜里行走而相信鬼神存在的人;每一个路口都蛰伏着危险(heimlich),感觉里面充斥着令人恐怖的气息。"——克林格

至此,"heimlich"一词的意义随着演进变得模棱两可了,而它最终与其反义词"unheimlich"有了相同的表意。因此在词源上,"unheimlich"某种意义上是"heimlich"的一个子系。或许我们对于这一发现的理解还不足,须继续探索谢林对"细思极恐"一词的定义。如果我们对"细思极恐"一词的说明性个例进行检视,或许其中的线索更容易被理解。

二

在回顾那些以强有力、明确的形态引发我们感到细思极恐的事物、人物、印象、事件和环境的过程中，第一要务显然是选择一个恰当的例子作为开头。詹池就举了一个很好的例子，即“怀疑一个表现得很有生命力的东西是否真的活着，或者相反的，一个看上去毫无生气的东西是否可能活着”。他由这个例子联想到了蜡像、手作娃娃和机器人给我们的印象。他又将这一细思极恐的效应扩展到了癫痫发作、精神失常的表现上，因为这些病症对旁观者而言，会激发他们这样一种感受，即这些活物的外表与生命体征之下，其实有一种自动、机械的过程正在运作。我并不全盘接受詹池的观点，但可以将他的观点作为研究的一个起点。毕竟他引导我们去考虑那些功成名就、优越于常人的大作家，是如何制造这些细思极恐的效应的。

詹池说:“在小说叙事中，有一种最为成功的手段能够轻易引发细思极恐效应，那就是让读者置身于一种不确定性中，让他们不确定某个形象到底是人还是机器。在这种手法之下，读者并不会直接关注自己的不确定性，因此他也不会急于深入事件之中，立刻弄清楚真相，因此正如我们所说，人们若是执着于对不确定性的探究，那他们对事物产生的情感效应就会迅速消散。霍夫曼在他那引人入胜的叙事中，就在这一心理妙计的使用上不断取得成功。”

詹池显然正确的观察，首先可以在一个叫作《沙人》的故事中找到。这个故事由霍夫曼创作，收录在他的小说集《夜谭》（*Nachtstucken*）中，小说里还有一个人物叫奥林匹亚，是奥芬巴赫的歌剧《霍夫曼的故事》（*Tales of Hoffmann*）第一幕中，那个机器娃娃奥林匹亚的原型。

但我不认为这个机器娃娃奥林匹亚的故事，是霍夫曼小说中那种让人无比害怕、细思极恐氛围的唯一因素。我相信看过这个故事的很多读者也会同意我的看法。机器娃娃的故事确实不是众多因素中最重要的一个。作者以略带讽刺的笔触，对与奥林匹亚相关的情节一笔带过，利用这一点来打消年轻人对女主角的理想化，该情节甚至没有增强故事的细思极恐效果。相反，这一故事的主旨另有他意，其主题与故事的名字有关，而且总在故事中的关键时刻重复上演：该主旨是关于挖掉小孩眼睛的沙人的。

这个奇幻的童话开头，是学生纳塔尼尔的童年回忆。虽然说他现在很幸福，但他永远无法忘记自己深爱的父亲离奇惨死的情景。纳塔尼尔对此的恐惧记忆挥之不去。有一段日子，他妈妈总是将孩子们早早哄上床睡觉，吓唬他们“沙人要来了”。而正是那段日子，纳塔尼尔很确信自己听到房间里有沉重的脚步声，他的父亲会和这位客人共处整晚。每当纳塔尼尔向母亲问起沙人，他妈妈总是一口咬定，大家只是嘴上说说，根本没有沙人的存在。可他家保姆清清楚楚地说道：“沙人可是个古怪的家伙，要是小孩不上床睡觉，他就会出现，用沙子迷住小孩的眼睛，眼珠子就会血淋淋地从脑袋上蹦出来，而他就会把眼珠子装进袋子里，带着它们飞回月亮上，用眼珠喂自己的孩子们。那些孩子坐在巢里嗷嗷待哺，它们的嘴是尖钩状的，就像猫头鹰的喙一样。它们用尖嘴将淘气小孩的眼珠子啄来吃掉。”

虽然当时的纳塔尼尔十分机敏，年岁也足够大，不该再相信沙人的形象让人那么恐惧，但那种恐惧还是留在了他的心里。他希望搞清楚沙人到底长什么样。一天晚上，沙人再一次如约而至，他躲在父亲的书房里，认出来人是科佩琉斯律师。这是一个很讨人厌的家伙，他偶尔来家里吃饭，孩子们都很怕他。而此时，纳塔尼尔立刻就发现了，科佩琉斯就是令人恐惧的沙人。想到接下来的戏剧情节，此时的霍夫曼已经让观众怀疑，我们到底应该相信哪一边？是那个受了惊吓的男孩最初的谵妄，还是后续一系列故事在现实中的进展呢？纳塔尼尔的父亲和来客在壁炉边各自忙碌开来。此时，纳塔尼尔听见科佩琉斯喊了一声："这里有你的眼线！"接着，纳塔尼尔就发出一声尖叫，暴露了自己。科佩琉斯迅速抓住了小男孩，将烧红的煤球靠近他的眼睛，想将他的眼珠子挖出来扔进火盆里。他的父亲苦苦哀求，才让孩子的"小眼线"幸免于难。接下来，这个男孩就陷入了深度昏迷。后来，他也总是生病。如果有人想要对沙人的故事进行合理解释，不难发现，孩子的幻想其实受了保姆所讲的故事的影响。故事中沙人撒向孩子的沙粒，变成了火盆里取出来的煤球。两者都是为了取出孩子的眼珠。男孩又一次见到沙人，是在一年以后，他的父亲死于书房里的一次爆炸。自此，科佩琉斯律师就从当地消失得无影无踪。

纳塔尼尔现在是位大学生。这时，从一位名叫朱塞佩·科波拉的意大利眼镜行商身上，他又看到了童年时期的恐怖幻象。这个人在大学所在的镇上兜售他的气压计，在纳塔尼尔拒绝购买后，科波拉又补充道：“哦，不是气压计，这不是气压计，我这里还有很好的眼睛，好看的眼睛！”纳塔尼尔发现科波拉拿出来的只是没有危害的眼镜时，恐惧才有所缓解，他从科波拉那里买了一个袖珍望远镜。他用这个望远镜看到了对面斯帕兰扎尼教授的家，他发现教授家里有一个女儿。她叫奥林匹亚，生得十分漂亮，但沉默古怪，毫无生气。纳塔尼尔立刻强烈地爱上了她，将自己那聪明而懂事的未婚妻抛在了脑后。但奥林匹亚只是斯帕兰扎尼制作的一个机器人，而她的眼睛正是从“沙人”科波拉那里购买装上的。此刻，纳塔尼尔的突然到访，让教授和眼镜商人为这个工艺品争吵起来。眼镜商人带走了那个没有眼睛的木头娃娃，而斯帕兰扎尼作为机械制造师，从地上捡起奥林匹亚那血淋淋的眼珠子，将它们扔到纳塔尼尔胸前。眼镜商人说：“这双眼珠是我从纳塔尼尔那儿偷来的。”纳塔尼尔为这个突然的打击再次陷入了疯狂。他的谵妄发作了，对父亲死亡的回忆和这些新的经历混合在了一起。他哭喊道：“快一点！——快一点！——快一点！——火圈！——火圈！旋转吧！火圈——转啊——转啊！木头娃娃，嚯！可爱的木头娃娃，旋转吧！”紧跟着，他扑到了斯帕兰扎尼教授身上，他是奥林匹亚名义上的父亲。纳塔尼尔想要把他掐死。

从漫长而严重的疾病中缓过劲来以后，剧终时，纳塔尼尔似乎痊愈了。他与未婚妻克拉拉和解，并且准备结婚。一天，他走在镇上，穿过集市，看见市政厅的高塔投下巨大的阴影。纳塔尼尔的未婚妻建议登上塔去，而与他们同行的未婚妻的哥哥则留在下面等他们。上塔以后，沿着街道走来的一个怪东西吸引了未婚妻克拉拉的注意。纳塔尼尔在口袋里找到了科波拉的望远镜，用它细看这个东西。忽然，他陷入了新一轮的疯狂。纳塔尼尔又开始大叫："旋转吧，我的木头娃娃！"他企图将未婚妻推下塔去，未婚妻的哥哥听到哭声来到塔上，救下妹妹便快速带她下了塔，到了安全的地方。疯狂的纳塔尼尔还在塔上横冲直撞，尖叫着："火圈啊，旋转吧！"我们也知道这些话因何而起。人们朝这里聚集过来，而人群中出现了科佩琉斯的身影，他突然转过头来。我们也能猜到，正是纳塔尼尔从望远镜里看到了他，才立刻陷入了疯狂。人们想要上塔去制服这个疯子，而科佩琉斯却大笑着说："等一会，他会自己下来的。"忽然，纳塔尼尔立定了，盯着科佩琉斯，粗野地尖叫道："是！很好的眼镜——好看的眼睛。"纳塔尼尔纵身翻过栏杆，跳下了塔。顷刻间，他重重砸到地上，头骨都摔碎了。而沙人也消失在了人群中。

这个简短的故事结尾，无疑能让我们产生一种细思极恐的感觉，它直接指向了沙人这个人物形象。细思极恐之处在于，沙人会挖走人的眼睛。在詹池的观点中，人们理智上的不确定性似乎与这种直接的恐怖效应并无关联。对于一个东西是活物还是无生命体的不确定性，比如我们对奥林匹亚产生的感觉，与另一种更具冲击力的场合中产生的细思极恐感相去甚远。毫无疑问，作者确实在一开始就让我们进入了一种不确定性，他让我们不确定自己进入的是真实世界，还是他自己建构的纯粹幻想中。作者当然有这样做的权利，如果他选择在舞台上建构一个充满灵性、恶魔和幽灵的世界，并且将其表现出来，正如莎士比亚所写的《哈姆雷特》《麦克白》，或者感觉略有不同的《暴风雨》和《仲夏夜之梦》那样，那我们一定会折服于他。只要我们跟随他的手法，就能将他营造的布景当作真实的世界。但是在霍夫曼的故事中，这种不确定性消失了，我们能感觉到，作家本人也想让我们从残酷的科波拉手中接过望远镜，透过它看到点什么。或许事实上，霍夫曼自己就曾通过这种装置看到过什么。故事的结局也清楚地表明，眼镜商人科波拉正是律师科佩琉斯，也就是沙人。[1]

因此，这里的问题也就和“理智上的不确定性”没有关系了。我们现在明白，自己不应该带着理性的优越感去看待剧中那个疯子的想象之物，还期许自己能够探寻到严肃的真理。对我们来说，这种清醒的认识，没法减少哪怕一点细思极恐的印象。因此，这种“理智上的不确定性”说辞，无法解释这种细思极恐的感觉。

然而，我们能够从精神分析的实践中了解到，在童年时期，人们往往非常害怕自己的眼睛受到伤害，或者失去自己的双眼。很多人成年之后依然在这方面感到不安，对身体上任何一个部位受伤的恐惧，都不及对眼睛损伤的担忧。我们也常说一句俗话，“将珍贵的东西比作眼中瞳仁”。一项关

---

[1] 兰克博士夫人指出，科佩琉斯（Coppelius）这个名字与科波拉（Coppola）相关。而“Coppella”的意思就是“坩埚”，与纳塔尼尔父亲的化学实验有关，化学实验让他父亲丧生。同时，科佩琉斯也和“Coppo”（眼窝）一词有关。

于梦境、幻象和神话的研究告诉我们，与眼睛以及眼睛变瞎相关的病态焦虑，往往足以替代阉割恐惧。俄狄浦斯作为神话中的律法破坏者，刺瞎了自己的双眼。这是一种减轻了阉割的惩罚形式。依据“以眼还眼”的报复律法，刺瞎双眼的惩罚对于俄狄浦斯而言再适合不过了。基于理性的立场，我们或许并不认同对眼睛受伤的恐惧源于阉割恐惧这一观点。并且，我们认为，对于身体上如此宝贵的器官，我们适当担心并严加保护，也是非常自然的。而事实上，我们还能更进一步说，对阉割的恐惧中除了包含这种合情合理的恐惧以外，就不再有其他深意了，也不会有什么更深的秘密。但是这种观点似乎无法充分解释，眼睛与人们在梦境、神话和幻象中看到的东西之间的替代关系。这种观点在人们遭受到阉割威胁时，也不能解释人们心理产生的印象，那是一种十分古怪、强烈但是很隐晦的情感，这种情感具有强烈的色彩，直指我们身体其他器官的丧失。当我们在对神经症来访者进行分析时，一旦详尽了解他们的阉割情结，任何进一步的疑虑都会被打消，而且会发现这种情结在他们的内心世界中有着巨大的影响。

另外，我也不会向任何精神分析的反对者推荐沙人的故事，并以此为依据向人们证明对眼睛的病态焦虑和阉割情结无关。不然，霍夫曼为什么要将纳塔尼尔对于眼睛的焦虑，与其父亲的亡故建立如此紧密的关系呢？沙人的两次出现又为什么都是为了阻挠爱情呢？他将倒霉的纳塔尼尔与自己的未婚妻和哥哥，也是他最好的朋友分开。他又破坏了纳塔尼尔与第二个爱慕对象——可爱的机器娃娃奥林匹亚的爱情。而沙人在纳塔尼尔与克拉拉重修旧好，快要结合的时候，又驱使他走上了自杀的绝路。要是我们完全拒绝将人们对眼睛的恐惧和阉割焦虑联系在一起，那么，小说花了如此长的篇幅来刻画上述故事，是不是显得很武断，又毫无意义呢？此时，要是我们将沙人替换为亲手阉割主人公的恐怖父亲，上面的一切似乎就能解释得通了。在纳塔尼尔童年的故事中，他父亲和科佩琉斯的形象代表了父亲形象的两个对立面，父亲形象因孩子情感的矛盾而分裂：其中一个威胁让他失明，即阉割他；而另一个则是慈爱的父亲，为保住他的眼睛进行调解。情结中最被强烈压抑的那部分，即对父亲死亡的欲望，在慈爱父亲的死中得到了表达，而科佩琉斯对父亲的死负有责任。后来，在纳塔尼尔的学生时代，斯帕兰扎尼教授和眼镜商科波拉再现了父亲的这种双重表现和意象，教授也是父亲意象的一个表达，科波拉再现了律师科佩琉斯的身份。从前他们一起在火中作恶，后来他们又共同创造了娃娃奥林匹亚。这位教授甚至被当作奥林匹亚的爸爸。这第二次共同合作表明，眼镜商和机械师也是父亲形象的组成部分，也就是说，他们都是纳塔尼尔的父亲，也是奥林匹亚的父亲。在此，我应该补充一句，在童年那可怕的一幕中，科佩琉斯没有伤到纳塔尼尔的眼睛，要把他的胳膊和腿拧下来作为实验。也就是说，他要在他身上做实验，就像机械师对玩偶的所作所为一样。这个奇异的特征似乎已经超越了沙人故事原本的画面，介绍了一个新的阉割等价物，但它也强调了科佩琉斯和他后来的合作者机械师斯帕兰扎尼的身份，也让我们了解了奥林匹亚是谁。她这个“自动”的玩偶，只不过是纳塔尼尔在幼年时期对他父亲女性态度的化身。正如我们所知，斯帕兰扎尼和科波拉都是纳塔尼尔“两个父亲”的新版本，也就是“两个父亲”的转世。现在，斯帕兰扎尼原本令人费解的陈词，即眼镜商偷走了纳塔尼尔的眼睛，把它们放到娃娃身上，这一说法就变得很重要了，并为奥林匹亚和纳塔尼尔的身份提供了新的证据。可以说，奥林匹亚是纳塔尼尔作为一个人，在面对自己时的一个解离的情结，纳塔尼尔对这个情结的奴役表现在他对奥林匹亚毫无意义的痴迷爱恋之上。我们可以恰当地称这种爱为自恋，也可以理解为什么这种爱的牺牲者，应该放弃自己真实的、外在的恋爱对象。这位年轻男子由于他的阉割情结而沉迷于他的父亲，却没有能力爱一个女人，这一情况的心理真实，通过对来访者的大量分析得到了充分的证明。

因此，我们可以冒险地将沙人对我们造成的细思极恐的影响，与孩童时期的恐惧及其阉割焦虑联系起来。不过，如果我们秉持着这样的观点，认为这种来自幼儿时期的因素是细思极恐感觉的来源，那么我们就要进一步检验其他细思极恐事物的例子。我们发现，在沙人的故事中，詹池还重点关注了另一个主题，即那个外形似真人的娃娃。詹池认为，当人们在理智上并不能确定一个物体到底是不是活物，且当一个没生命的物体看上去太像有生命的物体时，这种情况最能让人感到细思极恐。而玩具娃娃恰好又和幼儿的生活有十分紧密的联系。我们回忆一下就能发现，在儿童游戏中，孩子是完全无法清楚地辨明活物和无生命的物体的，他们尤其喜爱将自己的玩具娃娃当作活人看待。事实上，偶然有一次，我听一位女性来访者说，她直到八岁仍然坚信，只要自己通过一种特定的方式看着自己的玩具娃娃，尽自己所能，专注地凝视它们，它们就一定能够活过来。这里也同样如此，我们不难发现来自童年的因素。但耐人寻味的是，《沙人》这个故事在处理早期童年恐惧所带来的应激反应时，那“活灵活现的娃娃”却没有引发一丁点恐惧。孩子并没有因为玩具娃娃活过来而感到害怕，甚至还对其心生向往。因此在这个案例中，细思极恐的感觉并非源于孩提时期的恐惧，反而源于孩提时期的欲望或一种信念。这里似乎产生了一种冲突。但此处的困难或许能在后面帮助到我们。

在文学界，霍夫曼在制造出人意料的又让人感到细思极恐的情节上，是当之无愧的头号大师。他的《魔鬼的迷魂汤》中有大量主题，都在叙事中呈现了让人细思极恐的效果。但这本小说的情节实在太过隐晦和复杂了，简要概括其内容是件冒险的事。直到这本书的结尾，读者才读到了真相，而故事中发生的一系列情节都由此产生。但是直到最后，读者也并没有醒悟，反而陷入了彻底的迷茫。作者在故事中堆积了太多同质元素，虽然给读者留下了印象，但却无法让读者理解作品的含义。我们应该为自己能挑选出这样一些最突出的细思极恐的主题而感到满意，现在让我们来看看，能否对这些主题进行溯源，将它们合理地归结到孩提时代。这些主题都有着共同的关注点，即人类在形态和维度上的“双重人格”，因此，也就会关注那些看上去一样却容易混淆的事物。霍夫曼处理这种关系的手法在于，将一个人的心理过程转移到另一个人的身上，我们可以管这叫心灵感应。这样一来，两个人就可以实现知识、感受和经历的共享，将自己和另一个人等同起来。如此一来，此人的自我会陷入混乱，或者被另一个外来的自我取代。换句话说，此人的自我会被复制、分裂或者交换。而故事的结局便是出现了持续的平行时空，在此人接下来的几代后人中，都出现了同样长相、同样性格、同样命运、同样罪恶，甚至同样姓名的一对人物。

"双重人格"的主题在奥托·兰克那里得到了认真对待。他从反射的镜子、影子、守护神中深入探讨了"双重人格"这一现象，并探索它与灵魂的信念及死亡的恐惧之间的关系。兰克的观点在出人意料的演进过程中，带给了人们大量的启示。在兰克看来，"双重人格"的产生源于对自我遭受破坏的抵抗，是"对死亡力量的积极抗拒"。而人体最初的"双重人格"，或许就是"不朽的"灵魂。这种旨在保全自我、抵御消亡的分身的出现，在梦境语言中也能找到呼应，梦喜欢用生殖器象征的双重或多重复制，来表现阉割情结。而同样的欲望也出现在古埃及艺术中，他们会用一些具有耐久性的物质来制作死者的形象。然而，此种观念所根植的土壤正是无限的自恋。这种自恋从原始社会开始，就一直支配着人们的思想。即使这个阶段成为过去，"双重人格"还是会以另一番面貌出现。其面貌可能是人们对永生的保证，也可能幻化为死亡的细思极恐的预兆。

随着人们原始自恋的消退，这种"双重人格"观念仍可能存留下来，因为它可能会从自我演进的后续阶段中，吸收新的意思。此时，一种特殊的能力慢慢形成，它与自我的剩余部分对立，其职能表现为不断观察和批评自我，并通过头脑来对自我进行审查。此时我们会将其看作自己的“良知”。在病理性妄想的个案中，人们会看到这种内在审查机制从自我中独立出来，且能够被医生识别出。正因为此种能力的存在，它能够将自我的剩余部分看成一个物体。事实上，这个人也就有了自我观察的能力，重新唤起了古老的“双重人格”观念，并对其赋予新的意义，也促使其左右了很多事情。总体而言，这些事情的发生看似归咎于人们新获得的自我批评能力，实际上都源于人类最早时期，那似乎已经消亡了的自恋。

“双重人格”观念除了源于早期自恋、令人厌恶的自我批评能力，或许还囊括了其他东西。其中还有一切未实现但有可能实现的未来愿景，我们往往会在幻想中坚守着它们。此外，还有一切自我苦苦追求，却被外部不利环境碾碎的目标；以及一切被我们内心精心培养的自由意志幻象，却又遭受着我们自身行为的压抑。[1]

因此，在我们对“双重人格”中各种显而易见的动机进行考虑以后，我们必须承认，这些动机都无法帮助我们理解那种遍及我们观念之中的，极度强有力的细思极恐的

---

[1] 兰克基于埃韦斯的作品《来自布拉格的大学生》开始了对“双重角色”的研究工作。在《来自布拉格的大学生》中，男主人公答应他的爱人，不会在决斗中杀死他的对手。但是，在他去决斗场的路上，他遇到了他自己的幻象，这个幻象已经杀死了他的敌人。

感觉。而我们对病理性心理过程的认知，能够帮我们在此补充一句，在以上内容中，没有任何一种自我防御的动机，能够使自我将其投射到外在于自己的事物上去。而细思极恐之事的特质，只可能源于“双重人格”出现的环境，这里的“双重人格”产物，可追溯至很早期的心理阶段，这个阶段早就流逝。而且那时候的分身，其面貌也更加友善。“双重人格”重新归来时，面貌却可怖起来。因此我们不难判断，霍夫曼在其不变的“双重人格”主旨脉络中，使用的是“双重人格”扰乱自我的那些形态。这些形态是对自我感觉及特定演进阶段的回顾，是对自我某个时期的退行，在那时，人的自我还没有与外部世界以及其他人清晰地脱离开来。我认为这些因素，都或多或少促成了细思极恐印象的产生，虽然它们很难被拆解开来，也很难确定它们各自占了多少份额。

这一因素持续、反复出现在同样的情景、事物和事件中，或许并非对每个人而言都是细思极恐感觉的来源。据我观察，毫无疑问，这一唤起细思极恐感觉的现象，其出现会受到特定条件和特定环境的影响，它会令人们回忆起在梦境中体验到的无助感觉。在一个炎热的下午，我漫步在意大利某省的一个小镇上。那里街道荒凉，我此前从未去过那里，当时我身处一个街区，现在还能不假思索地描述其特征。那儿的小屋窗户上，除了彩绘的女人像什么也没有。走到下个路口，我就急忙拐出了这条街，但漫无目的地逛了一会之后，我发现自己又回到了同一条街，此时这已经引起了我的注意。我再一次匆匆离开，但却又一次绕回了同一个地方。而这个时候，我的感受只能用“细思极恐”一词来形容了。我漫无目的地探索，径直走回到行程起始的广场。与我这次不自觉的“回头路”冒险相类似的还有其他情形，不过，它们除了都让我感觉到无助和细思极恐以外，还有很多不一样的地方。举个例子，当一个人在高地森林中迷了路，我们假设他被山雾困住，无论尽多大努力，都发现自己一次又一次地回到原点，因为这里有某个特定的地标。或者当我们漫步在黑暗而陌生的房间里，想要找到门或电源开关，跌撞间却总是磕碰到同一件家具。事实上，这一景象在马克·吐温的笔下，通过其极尽夸张的叙述被赋予了喜剧意味。

在另外一类事情中，我们也很容易发现类似的意味。原本这些事情稀松平常，却因为带有不自觉的于细思极恐环境中重复的要素，而使我们脑海中出现宿命般在劫难逃的念头。但这种感觉只在某些特定的事情中出现，否则我们会仅仅将其看作“巧合”而已。比如在某件无关紧要的事情上，我们寄存了一件外套，拿到了 62 号寄物票，或者我们乘船时发现自己住在 62 号客舱。但是当两件原本毫不相干的事情，以巧合的方式接连发生，那给我们留下的印象将会大不一样。比如当我们在同一天接连遇到数字 62 好几次，或者当我们注意到好几件事情都和同一个数字有关，比如地址、酒店房间、列车中的车厢，也许它们只是都包含了同一个数字而已。此时，我们便会感觉到这事的细思极恐，除非这个人足够坚定，能抵御一切迷信的念头，不将这种数字的持续重复归咎于某种神秘意味，或说其代表着某种宿命的旨意。再举个例子，一个人正阅读著名生理学家埃瓦尔德·赫林的著作，而过了几天他就收到两封来自不同国家的信件，而两个寄件人都名叫赫林。可在此之前，这个人根本没和任何名叫赫林的人打过交道。不久之前，一位极具巧思的科学家试着将这类具有细思极恐效果的巧合，归结为一个法则。我在此就不冒险去评判这项归纳的成功与否了。

在这篇文章中，我只能浅尝辄止地解决一个问题，即我们如何将这些重复现象带来的细思极恐效应，追溯到儿童时期的心理上。在此，我要向读者提到另一本我即将出版的小书[1]，在那里问题的探讨更加细致入微，不过其建立联系的方式不同。首先要解释一点，我们可以假定在脑海的无意识中，具有一种强迫性重复原则，其基于本能活动，有可能是从人性深处传承而来。这条原则十分强有力，足以对人们的享乐原则施加影响，并将自身的某些邪恶特质强加进人的头脑中。而且该原则在小孩子的各种倾向中也表现得十分明显，这一原则在对神经症来访者的精神分析中，也是其症状出现的部分原因。综上所述，那些唤起我们内心强迫性重复的事物，会让我们产生细思极恐的认知感受，接下来我们就对其展开探索。

我们是时候将注意力从问题的这一方面转移，毕竟无论如何还很难得出定论，我们先要找到一些确证无疑的细思极恐的事例，通过对它们的分析来验证我们的假设。

---

[1] 这里指的是弗洛伊德于 1920 年出版的著作《超越享乐原则》(*Jenseits des Lustprinzips*)。

在《波利克拉特斯的戒指》[1]这个故事中，来客仓皇地逃离了朋友的家，因为他发现主人家一切事情都太过顺遂，一切顾虑都能立刻被命运的眷顾打消。对他而言，邀请他的主人就让他细思极恐。他自己的解释是，一路坦途的人必须得忌惮众神的妒忌。这对我们而言，似乎还比较晦涩。但是在神话语境下，这种意味就很清晰。我们来看一个更加务实的例子，在一位强迫性神经症来访者的个案史中，这位来访者接受过水浴疗法，而且从中受益颇丰。他感觉相当不错，但是并没有将自己的好转归因于水的疗效，而是归因于自己房间的环境。他住的房间隔壁有位十分可亲的护士。因此，当他第二次来进行治疗时，依然要求使用同一个房间，却被告知那个房间已经被一个老绅士占用了。他一听便怀着满腔愤怒说道："好，我巴不得他中风然后死掉。"两周以后，那位老绅士真的中风后死去了。我的来访者对此体验到了细思极恐的感觉。要是其诅咒与老绅士的不幸事件的时间间隔再短一些，或者他的言行引发的巧合再多一些，那这种细思极恐的印象将会更加强烈。事实上，不光是他，对于所有的强迫性神经症来访者而言，这类巧合都不少见，我观察到的所有此类来访者都能联想到类似的体验。他们对此毫不惊讶，想到某个人的想法可能仅出现一次，也可能持续数月。要是这些来访者在某天说"我好久没有见到某人了"，他们就一定会在次日收到此人的来信。而事故或死讯这类小概率事件，其阴霾很难从他们的

---

[1] 德国诗人弗里德里希·席勒（Friedrich Schiller）写作的抒情诗。

脑海中散去。他们习惯于用最庄重的方式来提起这类事件，说他们“往往”在这些事情发生之前就“早有预感”。

对于迷信而言，其令人恐惧且广泛的形式之一，是人们对“狠毒目光”的恐惧。[1]这种恐惧的来源似乎毋庸置疑。无论是谁，只要人们拥有珍贵而脆弱的东西，就会忌惮他人的嫉妒，这种感觉往往会投射到换位思考上，自己也会妒忌他人。在这种感觉之下的人，即使不说一句话，其嫉妒之情也会从眼光中流露。当一个人因为自身的出众而吸引到他人注意，尤其是这种特征并不讨喜时，人们往往会认为他人的嫉妒之情已经超乎寻常，而这种强烈的嫉妒之情足以转化为实际行动。细思极恐之处在于，由此产生了伤害他人的隐秘旨意，而且无疑出现了一些征兆，表明这种旨意有可能成为行动。

上面这些关于细思极恐的例子，与头脑中的一条原则有关，我将其称为“思维全能”，这一名称取自我的一位来访者的表达[2]。现在，我们会发现自己豁然开朗。我们对细思极恐案例的分析，让我们回到了一个宇宙之中十分古老的万物有灵论观念[3]，该观念中的代表性主张认为，这世间

---

[1] 西格弗里德·塞利格曼（Seligmann Siegfried），德国汉堡眼科医学家，在其著作《恶魔之眼及其相关》（*Der bose Blick und Verwandtes*）中对这样的迷信行为进行了彻底的研究。

[2] 这位强迫症病人即上文提到的“鼠人”。

[3] 主张一切物体都具有生命、感觉和思维能力的哲学观念。19世纪晚期，英国人类学家爱德华·泰勒（Edward Tylor）认为人类早期文明中存在这种观念。参见泰勒《原始文化》（*Primitive culture*）。

满是人类的灵魂。这种主张自恋地高估了主观性心理过程(比如对思想全能的信念，基于这种信念出现的魔幻行为，严格按照比例分布于任何事物之间的各种魔力或“超自然力量”)。同样，这种观念在人类自恋毫无节制的演进中，还会出现其他基于想象的臆造之事，这些臆测会与现实法则奋力抗争。似乎在我们每一个人的自身发展阶段中，都有一个阶段与原始人类的万物有灵论相对应，我们所有人都体验过该阶段被保留至今而且得到再次激活的痕迹，所有与痕迹有关的事物现在都以细思极恐的感觉困扰着我们，它们会在某种条件下出现，激活我们内心中那些万物有灵论式的心理活动的残余，并且让它们表现出来。

我认为，现在我们应该考虑这一研究中的两个要点。其一，精神分析理论认为，无论何种性质的情绪影响，都是由人们对病态焦虑进行压抑而维持的，假定这一理论是正确的，那么在以上的焦虑案例中，应有一类事物表明，这种焦虑的来源是一种受到压制，但不断重复的东西。这类病态性焦虑势必就是令人细思极恐的事物，无论其是否原本就能引发恐惧或产生其他影响。其二，如果这种焦虑正是细思极恐的隐秘本质，那我们就能理解为何“heimliche”的词义会扩展到其反义词“unheimliche”上。正是由于这所谓细思极恐并非新出现或外生的，而是我们熟悉的，早就根植于脑海中，但只有通过压抑的过程才能被异化。不仅如此，这个与压抑相关的猜测，也能帮助我们理解谢林对细思极恐的定义，即某些原本应该被隐藏，却最终水落石出的事物。

现在，我们就只需要再分析一两个关于细思极恐的例子，来检验上述的假设。

很多人对于细思极恐感觉的最高级别体验，都来自死亡、尸体、诈尸以及灵魂和鬼怪身上。正如我们看见的，许多现行使用的语言都将德语中“细思极恐的屋子”（an unheimliches house）表达为“闹鬼的屋子”（a haunted house）。我们本可以将这个例子当作研究的起点，这大概是最具代表性的“细思极恐”的例子，但是该例中的“细思极恐”很可能与一些纯粹恐怖的东西混为一谈，还可能被纯粹恐怖的事物部分掩盖掉。自古以来几乎没有任何例子，其延续性能比得上我们在联想到死亡时所产生的想法和感觉了，而且这种体验和感觉的一切过时形态，都十分难得且不带伪装地被完整保留了下来。关于我们对死亡的保守态度，在此做两点解释：一是我们对此的原始情绪反应，二是我们对此的科学认知很不充分。生物学至今没办法确认，是否一切生命都难逃一死，又或许死亡只是生命中按规律发生的事件，但却有可能避免。确实，有的逻辑学教科书会将“人固有一死”这样的主张用作案例，以解释普遍性，但并没有人能真正领会这一点，我们的无意识在自己“注定有一死”这件事情上，一如既往地束手无策。宗教领域对于“我们每个人都会死亡”这一不争的事实，一直在进行反驳，它们还对死后的生活进行了假设。世俗政权同样认为，它们如果不秉持这样的主张，即死后的极乐生活是对世俗中高尚道德的报偿，就无法维持当局的道德秩序。在繁荣的城市里，我们能在布告上看到告诉我们如何招来死后的灵魂的字眼。不可否认，有很多才华横溢、独具慧眼的科学翘楚，在他们垂暮之年时都得出了这样的结论，即灵魂召回并非没有可能。

实际上，从原始人时期开始，我们就一直在思考这个话题，因此，直到现在我们对死亡还有最原始的恐惧，而且只要一有机会，这种恐惧就会显露出来，这也就不足为奇了。我们的恐惧很可能还包含着一种古老的信仰，即死去的人会成为生者的仇敌，一心想要将生者带走，共度死后的新生活。基于我们对死亡的固有态度，接下来我们可以对这压抑的来源以及原始感觉出现，且其引起的细思极恐效果的必要条件进行追问了。不过在此，依然存在着压抑。一切所谓受过良好教育的人，似乎都（起码）对外宣称自己不再相信死者会通过灵魂显形，并将所有此类表现消弭为不可能发生的歪理怪谈。不仅如此，他们对已故亲人曾经不置可否、模棱两可的情感态度，现在也因其更高的思维层次，而淡化为单纯的敬重之感。

到此，我们需要赘述的东西就不多了，因为万物有灵论、魔法和巫术、全能思想、人类对死亡的态度、不自觉的重复以及阉割情结，便是将可怖之事转为细思极恐之事的全部因素了。

当我们说一个活着的人动机邪恶时，也会将其描述为一个让人细思极恐的人，但这还不够全面。我们不仅坚信他的动机不纯，还会将这种为达目的不择手段的能力，归咎于某种特殊力量的加持。对此，有一个很好的例子就是“杰塔雷托”，那是罗马迷信中的一个细思极恐的形象。天生富有诗情，又具备深厚精神分析知识的舍费尔在其作品《约瑟夫·福蒙特》中，对这个人物形象赋予了同情心。关于这一神秘力量的探讨，再次将我们带回了万物有灵论的领域。舍费尔凭直觉认为，正因为这种力量的存在，才让邪恶的梅菲斯托费乐斯在虔诚的格雷琴眼里如此细思极恐："她揣测我是某个神灵，甚至以为我恐怕就是恶魔本人。"癫痫和疯癫所产生的细思极恐效果也与此同源。常人如果在自己的同伴身上看到这些症状，毫无疑问会认为这是多种力量共同作用的结果，但与此同时他也会隐约觉察到，自己身体内的某个不起眼角落里，或许也存在同样的情况。中世纪时期，人们将所有此类疾病都归咎于恶魔的影响，因此他们的心理特点都差不多。事实上，我一点也不感到奇怪，精神分析明明致力于揭开这些隐藏的力量，但对很多人而言，其本身也因此变得细思极恐起来。在一个个案中，虽然用时良多，但我最终成功地将一位残疾的女孩治愈了。在她被治愈好几年后，这位来访者的母亲才坦言，自己也曾对治疗有过这种细思极恐的感觉。

砍断的四肢、割下的头颅、齐腕斩断的手、会自己舞蹈的脚，这一切都自有其细思极恐之处，特别是最后一个例子，这些脚确实能够自己移动。我们已经知道，这一类细思极恐源于人们对阉割情结的联想。对很多人而言，最为细思极恐的事情就是人们以为一个人死了，于是将其活埋。然而精神分析告诉我们，这样的恐怖幻想，其最初只是某种与此相关，但一点也不恐怖的幻想，这种幻想里充满了放纵的享乐，我的意思是，这种幻想与子宫内的生命有关。我想在此补充一个更广泛适用的要点，虽然严格来说，这个要点应囊括万物有灵论，以及被他人超越时的心理机制，但我认为它还是很值得一提。我想说的是，细思极恐的效果出现时，往往轻易抹去想象与现实之间的差别，比如当有些真实的事物出现在我们眼前时，我们却一直以为那只是想象，或者仅仅是一个象征，但它们却具备其象征对象的一切功能和深意，诸如此类。很大程度上正因为这一要素，人们才容易将细思极恐的效果与附魔行为联系在一起。这一孩提时代的要素，也存留在神经症人群的脑海中，相对于生理真实，其过分强调了心理真实。这与人们对全能思想的信仰是紧密联系的。在战争年代的孤立时期，我拿到了好些英文的《斯特兰德杂志》(*Strand Magazine*)，其中大部分内容都没什么意思，唯独这样一个故事。故事中一对年轻的新婚夫妇搬进了一套装修好的公寓，家中有一张形状奇怪的桌子，上面雕刻着鳄鱼。夜幕降临，他们闻到一阵难以忍受且非常独特的臭气，气味弥漫了整套公寓。黑暗中，脚下有东西绊住了他们，他们仿佛看见一个模糊的影子从楼梯滑了上来。简言之，这个故事说的是这张桌子带来的鳄鱼怪盘踞在这所房子里，也可能是黑暗中出现了木头怪，反正是诸如此类的东西。这当然是个彻头彻尾的蠢故事，但其产生的细思极恐感觉却很耐人寻味。

这一系列案例单独来看都并不完整，为了对它们进行总结，我再从精神分析案例中找一个例子，如果这个案例不仅仅是出于巧合，那它就能够对我们关于细思极恐的理论做出完美的印证。常有男性来访者对我宣称，他们对于女性生殖器会产生细思极恐的感觉。

然而，这个细思极恐（unheimlich）的地方正是一切人类最初家庭（heim）的入口，这个入口通向每一个人在生命伊始时曾住过的地方。有句幽默的话是这样说的："爱是乡愁。"一旦男人梦到某个场所或者某个国家，还在梦中对自己说："这个地方好熟悉啊，我一定什么时候来过。"我们便能推断这个地方正是其母亲的生殖器或者身体。同样，在这个案例中，细思极恐（unheimlich）的东西正是曾几何时熟稔（heimlich）的、似家一般的东西，而否定前缀"un"正是用于压抑的工具。

三

当我们讨论到这里时，或许一些读者的脑海中，会对我们探讨的问题产生一些疑虑。现在我们就将这些疑虑整合起来，让我们带着疑问继续深入下去。

确实，细思极恐的事物或许只是某种隐秘而熟悉的事物，它们在遭到压抑以后突然显现出来。所有细思极恐的事物也许都能满足这个条件，但这些因素还是无法完全解决与细思极恐有关的问题。因为我们的命题是不可逆的，也就是说，在个体或种族的历史中，并非所有和受压抑欲望、古老思维形态相关的事物都是细思极恐的。

不仅如此，我们无法掩盖一个事实，即几乎所有用于支持我们假设的案例，都能被一些类似的例子反驳。比如，霍夫曼的童话中，斩断双手的情节让人细思极恐，我们将其归结于阉割情结。但是在希罗多德所记载的与拉姆西尼图斯有关的珍宝故事中，大盗在公主意欲抓捕他的时候，将自己哥哥被斩断的双手留在了公主那里。相信很多读者都能赞同我的观点，即这个情节里的断手毫无恐怖的感觉。同样，在故事《波利克拉特斯的指环》（*The Ring of Polycrates*）中，那个万事顺遂的国王与埃及法老一样，无疑让我们产生了细思极恐的感觉。但在我们自己国家的民间故事中，那些心想事成的故事却又不会让人产生细思极恐的感觉。在故事《三个愿望》（*The Three Wishes*）中，妇人闻到了香肠诱人的香味，于是许愿自己也拥有一根。一瞬间她面前的盘子里就出现了一根香肠。妇人的丈夫因为她的莽撞行为而恼火，就许愿让香肠挂在她的鼻子上。于是，香肠立马就在夫人的鼻子上晃来晃去了。这个故事十分生动，却丝毫不让人感觉细思极恐。这些童话明明十分直白地对万能的思想和愿望采取了万物有灵论的立场，可我却无法从上文引述的任何一个鲜活的童话故事中读到一点细思极恐的意味。我们没少听闻，最恐怖的细思极恐的场景，是当一幅画或一个玩具娃娃这类无生命的物体活过来的时候。但在安徒生的童话中，家用餐具、家具和锡兵都是活物，但它们似乎也和细思极恐的事物相去甚远。另外，对于皮格马利翁的美丽雕塑，我们也很难用细思极恐来描述它。

僵尸以及死去的人复活，或许能代表最让人细思极恐的主题。而这一类故事在民间传说中同样十分常见。但也没人将这类故事归为细思极恐，比如当白雪公主再一次睁开双眼时，谁会认为这场面十分恐怖呢？再比如在《圣经·新约》中，耶稣让死去的人奇迹般地复活，由此生发的感觉也和细思极恐无关。而那些能让人感到恐怖的主题，比如，一个动作不自觉地重复。但这如果发生在另一类案例中，也会产生完全不同的效果。比如我们耳熟能详的一种情况，重复常用来引起喜剧的效果，这一类例子，我们能找出很多。不仅如此，重复还可能表示强调等作用。此外，还有另一个问题：沉默、黑暗与孤独所产生的细思极恐，又是从何而来呢？诚然，婴幼儿时期产生的害怕往往伴随这几个因素，但它们本身难道不是细思极恐的事物所营造的危险情景的一部分吗？还有，我们已经如此肯定理性上的不确定与死亡有着非常紧密的联系，而现在我们却要完全罔顾这个因素吗？

很显然，我们要做好心理准备，能够产生细思极恐效果的元素除了我们在此证明的几种，还另有其他的。我们可以这样说，现在得到的初步结果，能够满足我们从精神分析角度，在细思极恐这个问题上的兴趣，而接下来的问题，则需要我们具备一点审美价值。但是，这样一来等于再次敞开大门，让疑虑涌了进来。会有人怀疑我们广泛讨论过的观点是否确切，即细思极恐的过程源于受到压抑的熟悉事物。

我们或许能观察到一件事，兴许它能帮助我们解决这一不确定性：几乎所有与我们的假设相冲突的例子，都是从小说和文学作品领域找到的。也就是说，在我们真实体验到的细思极恐，与仅仅在图画和文字中体验到的细思极恐之间，很可能有所不同。

在真实体验中，细思极恐的事物产生的条件往往更简单，但出现的场合也更少。我想我们可以发现，符合条件的情形与我们解答问题的线索完全一致，通过这些情形，我们能够无一例外地追溯到那些熟悉而受到压抑的事物。不过在此，我们还是要对手中的素材进行划分。这种划分无论其本身的重要性，还是其心理学意义都十分显著，现在我们通过一些恰当的例子，来阐明这种划分行为。

现在我们将细思极恐与全能思想、瞬间的心想事成、害人的神秘力量以及人死而复生的情况全部联系起来看。在此，细思极恐感觉产生的条件是显而易见的。我们或我们的祖先，曾一度坚信上述事件有可能发生，也不曾怀疑这些事情真正地发生过。

而现在，我们不再相信这些，我们战胜了这样的思维方式；但对于新的信仰，我们并没有那么坚定，而旧的信仰仍旧存在于我们的心中，时刻准备着得到应验。一旦生活中发生了什么事情，似乎能够支持这种旧有的且已被放弃的信仰，我们就会出现细思极恐的感觉。正如我们有时会做出这样的评判：“总而言之，有人确确实实能够仅仅通过意念，就把别人杀死！”“死人确确实实还在这世上，他们会在自己前世活动的场景之下，出现在我们面前！”诸如此类。与此相反，如果有人能做到彻彻底底从内心驱除万物有灵的信仰，那他对这类细思极恐的事物就没那么敏感。即使是令人惊讶的心想事成巧合；在某个特别的地点或特别的日子，出现最高深莫测的同一事件的闪回现象；

最具欺骗性的景象和最令人生疑的声响，这一切都不会让他卷入其中，并且产生某种恐惧，此种恐惧足以被描述为“让人细思极恐”。对他而言，所有这一切都是纯粹而简单的“测验事实”，其范畴不外乎是物质现实所产生的现象。E. 马赫在他的作品《感觉的分析》中，描述了两例被观察到的体验。第一个场景是他突然意识到面前那张脸就是他自己，不由得大吃一惊。第二个场景是在公共马车上，他十分藐视一个假想出来的陌生人（事实上就是他自己），心想:“刚上车的这个教员是多么难看啊！”——我也可以给出一个类似的体验。当时，我正独自坐在敞亮的马车车厢里，突然，一个异常猛烈的颠簸，把盥洗室的门拉了回来，一位穿着睡袍、戴着游客帽的老年绅士走了进来。我以为他正要离开两个车厢之间的盥洗室，因走错了方向而误进了我的车厢。我一下子跳了起来，打算指正他的方向。但我立刻惊愕地意识到，闯入者只不过是我在门内镜子里的倒影。我还记得当时我对他的样子充满厌恶。因此，马赫与我不是被自己的重影吓坏，而是根本没有意识到那个对方就是自己。不过，有没有这种可能，我们对重影的厌恶是旧时反应的残余痕迹？这样一来，这样的厌恶反应就不那么令人惊讶了。

而事物的这种状态，与幼年情结受到压抑而产生的细思极恐过程稍有不同，这些情结包括阉割情结、子宫幻象等等；但在现实生活中，能够催生这类细思极恐感觉的体验并不常出现。实际上能让人细思极恐的，往往都属于第一类；虽然从理论上说，将两种类型划分开来是很重要的。

当细思极恐的感觉源于幼时的情结时，问题并不在于外部事实，其症结在人的真实心理中。我们或许会说，受压抑的既是某种特定的观念内容，也是对物质存在的信仰。但在上述的这种解读方式下，“压抑”一词已经超出了其应有的含义。确切地说，在此我们会对可感知的心理差异表示尊重，我们可以说文明人已经多多少少克服了万物有灵的信仰。因此我们可以得出这样的结论：细思极恐的体验出现，要么是因为幼年被压抑的情结，由于某种印象的出现而被唤醒；要么是因为被克服的原始信念重新得到了证实。但最终，我们不能因为自己希望问题得到顺利解决，期待自己的阐释清楚明晰，就对一个事实视而不见，即这两种来源不同的细思极恐体验，并不总能被明确地区分开来。我们应该想到，原始信念往往和幼时情结的关系十分紧密，前者可以说以后者为基础，因此当我们发现两者的关系常常有些模糊时，也就没必要大惊失色了。

细思极恐的事物在文学、故事以及想象的作品中被描绘时，值得专门列出来加以讨论。其素材要比现实生活中丰饶许多，因为作品往往源于生活而高于生活，而且还包括了日常生活中找不到的东西。

在这些作品中，若不经历深刻的变故，那些被压制或被克服事物之间的区别很难转变为令人细思极恐的事。这是因为幻象领域之所以存在，就是因为其中的内容无须接受事实的审查。因此，结果里就会出现如此悖论，即虚构作品中本不令人细思极恐的东西，到现实生活中情况可能截然相反，但同时虚构作品中制造细思极恐效果的手法，却又比现实生活中丰富得多。

故事的讲述者往往拥有诸多特权，比如他能够选择如何表现这个世界，即使这种表现与我们熟悉的世界不一致乃至相去甚远，讲述者都能随心所欲。无论他如何裁定，我们都会接受。比如在民间传说中，真实的世界往往在一开始就被抛到脑后，而与万物有灵相关的信仰体系会显露无遗。心想事成、神秘力量、全能思想、死物复活，这些元素在童话故事中都很常见，而在此它们就有制造细思极恐效果的作用。我们知道，这是因为此刻我们难以评判，到底这些“已被克服的”事物，是否仍有发生的可能，若不是这样的矛盾心理，细思极恐的感觉是不会出现的。而这个问题在故事的一开始就被排除在外。因此在我们看来，在关于细思极恐之事的假设中，这类故事给我们带来了诸多冲突心理，因此，我们论点的第一部分也就得到了证明，即许多在虚构作品中本不令人细思极恐的东西，到了现实生活中可能截然相反。不过，童话中还有另外一些与此相关的因素，我们稍后会简要讨论。

故事的讲述者还能选择另外一种设定，其想象部分虽然不及童话传说，但还是和真实世界有所区别，那就是运用某些灵性事物，比如恶魔的力量或者亡灵。只要这些东西不脱离诗化的现实设定，它们往往与自身具有的令人害怕的特征脱离开来。无论是但丁《神曲·地狱》中的灵魂，还是《哈姆雷特》《麦克白》《裘力斯·凯撒》中幽灵般的鬼魅，它们可能足够阴郁可怖，但他们产生的细思极恐效果，倒不见得比荷马那极乐世界中的神祇要强。我们对于虚构世界的判断，是由作者强加给我们的，此时的我们默认灵魂、精魄或鬼魅存在于他们那个世界，就像我们存在于生活的外在世界一样名正言顺。因此在这种情况下，我们也就找不到细思极恐的踪迹了。

但如果作者佯装所有行为都在真实的世界中发生的话，情况就有所不同了。这时候，我们所接受的语境，与现实生活中产生细思极恐的感觉时一样；现实生活中能产生如此效果的元素，在这样的故事里也让人细思极恐。但在这种情况下，作者能够增强这种效果，并且相比于现实生活，让其发生概率成倍地增长，故事中会发生现实中难得一见，甚至绝不可能发生的事情。作者之所以得逞，正是因为他利用了我们自己认为已经克服的迷信。作者让我们产生这样的错觉：他告诉我们的都是无争的事实。接受了他的暗示，我们便产生面对真实体验时的反应。到了这时，即使我们看穿他的把戏也为时已晚，作者的目的已经达到；但不得不说，这时他还没有彻底得逞。我们还是感觉不太满意，会对作者试图欺骗我们一事心生怨怼。在读完施尼茨勒的《占卜》之后，我尤其意识到了这一点。作者会用尽各种方式，尝试不引起我们的恼怒，同时争取更多成功的机会。比如，他会让我们长时间无法辨明，他文字中挑选出的那个世界到底本质如何，他也会在整本书中，都狡黠而聪慧地规避确切信息。

不过通常而言，我们还是能在此为第二个论点找到印证，即相比于真实生活，虚构作品中有更多可能去营造出令人细思极恐的感受。

严格说来，所有难以解答的细思极恐的事物，都与那些已被克服的思维形态的恐惧有关。那些因受压抑的情结而生的细思极恐之事，在虚构作品中的表达就更加明显，其强烈程度也同在现实生活中发生的无二，但属于第一类别的细思极恐，即源于被克服的思想形态而产生的细思极恐之事，只要其在虚构作品中的背景也是某种物质事实，那么其性质便能够与现实生活中让我们细思极恐的事物保持一致。一旦虚构作品中的背景设定十分主观而失真，那这种令人细思极恐的品质也就随之消失了。

不过很显然，我们还没有穷尽所有故事作者可能获得的特权，这些特权能让他们为所欲为、不受束缚地激发我们细思极恐的感受。总体而言，我们对待体验的态度是被动且一成不变的，我们会依据周围的物质环境来行动。但故事的讲述者却能对我们产生导向作用，他能够在我们的脑海里放入他需要的想法，激起他需要的期待；他能够引导我们当下的情绪，将某些情绪压制，又往另一个方向引导；而且，他往往还会用同一种素材营造变化多端的效果。这一切都不足为奇，对于美学领域的专家而言，他们已经将其充分考虑了。我们也不由自主地转而研究这一领域，借引这一领域来解释那些与我们理论相冲突的、能引发细思极恐感受的例子。据此，我们要回顾先前对几个例子的分析。

我们已经追问过，为什么拉姆西尼图斯珍宝的故事中，断腕的双手并没有令人细思极恐的效果，但霍夫曼的故事里则有。

这个问题的意义十分重大。因为这个比较告诉我们，孕育在被压抑情结中的细思极恐之事，会比另一类更具持续性。其中的原因十分简单，在希罗多德的故事中，我们将更多的注意力放在了狡猾的人盗上，并没怎么关注公主的感受。可能公主本人深刻体验到了细思极恐的感觉，因此她才吓得几近昏厥。但我们却没有这种感觉，因为我们的注意力在大盗身上，而没有替公主考虑。在内斯特罗伊的喜剧《四分五裂》中，作者就采用了另一种手段来避免场景中产生的任何细思极恐的感觉。剧中有一个逃亡的男子，坚信自己是杀人凶手，他掀起一扇又一扇地板门，每一次都看到他自以为是的受害者的鬼魂从中冒出来。他绝望地嚎叫道："可我只杀了一个人啊！为何这种恐怖不断重演？"因为我们知道真相，所以不必与男子共同承担他的恐惧。因此，角色认为细思极恐的东西，在我们这里却不可避免地成了笑料。即使是"真正的"鬼魂，比如奥斯卡·王尔德的作品《坎特维尔鬼魂》（*the Canterville Ghost*）中的鬼魂，当作者开始自娱自乐，完全放任鬼魂时，这些鬼魂就丧失了一切激起我们细思极恐感受的能力。我们也因此知道，在虚构作品的世界里，情感效果是多么具备独立性而存在于其实际题材之外。在童话故事中，所有令人恐惧（包括细思极恐）的情感更是消失殆尽了。我们深知这一点，因此即使在故事中出现一点恐怖感的苗头，我们都会直接忽略，不给其发展的机会。

论及沉默、孤独和黑暗等因素，我们只能说这些确实是人们幼时病态焦虑的产物。这些焦虑的来源是大多数人都没法摆脱的。关于这个问题，我们会在其他作品中，通过精神分析的角度来对其进行探讨。

第 三 章

恋 爱

恋爱心理学

——男性择偶的一种特殊类型

（1910）

迄今为止，众多诗人以及具有想象力的作家，都为我们描述了男性和女性在择偶时出现的“恋爱的条件”，同时也描述了这些男女，是如何将幻想中表达的欲求妥协于现实生活中急迫的需要的。事实上，这些作者确实具有某些技能去描述这件事。尤其是，他们对于他人隐藏的情感有敏锐的感知力，并且善于鼓励他人将自己无意识的想法表露出来。但是人对周围环境的认识，会使作品向我们讲述的东西遭到削弱，作者们受困于这样一些条件：他们必须让读者感受到心智与审美的双重愉悦，还要唤起读者情感上的反应。因此，他们不能一成不变地照搬现实，而必须从现实中分割出某些部分，剥离那些与此相关的干扰因素，柔化整体，填平鸿沟。这就是作家们的特权——诗的破格[1]（poetic licence）。不仅如此，作家们还不必对自己笔下人物心理状态的来源与发展表现出特别的在意。因此，我们不可避免要将科学引入诗歌分析中。千百年来，这些诗歌给人们带来了无限愉悦。尽管，科学的分析会淡化诗意，

[1] 诗的破格：指作家或诗人在创作中通过事实或规则的改变，让一个艺术创作更有意味。

削弱其愉悦的效果，但仍有必要进行。这样的考虑，意在为我们接下来要通过严格的科学手段处理男女之间的爱情，以及其他相关事务做出澄清。毕竟，科学分析意味着要完全抛开心理活动的享乐原则。

在精神分析治疗期间，我们有诸多机会能够收集神经症来访者情欲生活中留下的各种印记，每当这样的机会出现，我们也联想到普通人乃至具有出众品质的人同样有类似的行为。如果我们有幸发现某一种印象，反复地出现在受观察的素材中，就意味着我们要找的特殊类型清晰地出现了。在此，我要首先描述的是男性在择偶时通常出现的类型，该类型的特征包括一连串“恋爱的条件”，而这些条件的并置原本是不合理甚至令人困惑的，还因为这一类型能够被简单的精神分析加以说明。

1. 这些“恋爱的条件”中的第一条可谓非常特别，无论在何处发现这一条件，我们都要密切关注该条件类型的其他特质。这种条件可用术语“寻找受害的第三者的需求”来概括。处于这一情况下的男人，择偶时不会选择身无婚约的女性，也就是说他们不喜欢单身女孩或妇女，他们只想选择被其他男人占有的女人，无论其他男人是丈夫、未婚夫，还是情人。有时候，这一条件会高度严苛，即当女人单身的时候，这个择偶的男子对其视若无睹，一旦女人和其他男人产生了上述亲密关系，择偶的男子会立刻将其当作择偶对象，对其产生爱慕之情。

2. 第二条的情况或许没那么常见，但是十分典型。这一条件需要两个前提结合才能实现，第一个前提似乎常常单独出现，第二个前提则是这样的：一个以贤良淑德著称的女人缺乏魅力，从来没人将其当作爱慕对象。只有当这个女人或多或少在性关系方面不那么贞洁，其忠贞不贰的品质开始存疑时，这个女人的魅力才能显现。后一个前提的成立包含一系列典型的情况，比如已婚妇女没经住诱惑与他人调情，由此产生的微小丑闻；再比如妓女或风流女子那开放的多伴侣生活，而属于这一择偶类型的男人就是离不开这样的女人们。因此，这类条件可以被粗略地描述为“娼妓偏爱”。

第一种条件下，男人能够借机产生一种憎恶的满足感，他通过夺人所爱来对抗另一个男人；而在第二种关于女子不忠的条件下，男人则会产生嫉妒之情，对这一类型的人而言，嫉妒似乎是其恋爱的必备条件。只有嫉妒之情产生，他们的激情才能到达顶峰，女人才有被他们爱的价值。而且，他们会抓住所有机会来唤起自己的嫉妒之情。奇怪的是，男人的这种嫉妒之情不会指向其择偶对象的合法伴侣，反而是对方新认识的人或陌生人，这样的人最能令择偶的男人产生怀疑。在一些典型案例中，这些恋爱者的欲望并不是独自占有其爱慕的女人，似乎三角关系更令他们满足。我有一位来访者，因为情人的出轨而深受折磨，但他却并不反对他的情人与其他人结婚，反而为此尽力帮衬。就这样过了好几年，他对情人后来的丈夫也没有表现出一丁点的嫉妒之情。还有另一个真实的典型例子，来访者在第一次与情人发生风流韵事时，对情人的丈夫十分嫉妒，坚持要求对方终止婚姻关系；但在其后来的大量亲密关系中，他却不在乎对方是否有合法丈夫了。

上述两点是男性择偶时，对方应具备的条件，而接下来的要点，则是关于男性在择偶时自己的行为。

3. 在常人的两性恋爱中，女人的价值往往取决于其在性方面是否诚实，如果她带有任何“轻佻女子”的特征，其价值就会贬损。因此，特殊择偶类型男人的做法，在常人看来或许很不可思议，而他们则认为将这样轻佻的女子作为自己的爱慕对象，是最有价值的。与这样的女子发生亲密关系，能让这类男人付出绝大部分的心理能量，似乎对其他事情都不再感兴趣。他们认为，只有这样的女人“才值得自己去爱”，而他们往往会就此建立起自己理想中的忠诚形象，不过，现实中这种形象常常会支离破碎。事实上，在对这类恋爱关系进行描述时，我们能够清楚地发现，这类轰轰烈烈的爱情表现出高度的强迫性特征。但这种对亲密关系的热诚与张力，并不意味着这些人的情欲生活中仅仅会出现一次这样的情况。恰恰相反，这种激荡的亲密关系在该类型男人的一生中，往往会多次重演，而且每次都带着相同的癖好，就仿佛前一次的翻版。事实上，外部条件的多变，比如住所或环境变迁，都会让他们的爱慕对象不停轮转，最终构成他们一长串类似的经历。

4. 对观察者而言，这一类型的爱人最令人惊讶的就是他们表现出对爱慕之人的“救赎”。这些男人坚信他爱着的女人对自己有需求，要是没有他，就会完全失去名誉，很快陷入凄惨的境地。正是他对对方的纠缠，才将对方从悲惨境地中解救出来。这种拯救女人的冲动，偶尔也会通过女人在性关系中表现出来的喜怒无常，以及其社会地位的风雨飘摇而被合理化。然而，我们同样能够发现，其实这完全是男人的异想天开。这一类型的男人，很擅长用精妙的诱惑手段，以及花言巧语来赢得女人的芳心，可一旦建立了亲密关系，他又会苦口婆心地劝导自己所爱的女人，要保持“高尚”，不要出轨。

我们来回顾一下上文提到的类型，看看有什么特点。他们想让女人属于别的男人；女人本性越是“轻佻”，他们就越是看重；他们渴望嫉妒；他们反复不停地恋爱，每一次又都保持忠诚；他们渴望“拯救”。想要将这些特点都追溯到同一个源头，似乎很难做到，但精神分析研究在透彻地分析了这些人的生活之后，却很轻松地找到了答案。其实，根据这些特殊的条件以及奇怪的方式来择偶，这样的行为与正常的恋爱观起源相同。这一切都源于人们孩提时期，与母亲之间亲昵感受的固着，由于这些固着的表现不同，人们的具体表现形式也就不同。在正常的恋爱观下，我们能从择偶对象身上找到的母亲原型的痕迹极少，比如年轻男子表现得喜欢成熟女人，就算其中一种。常人在脱离对母亲的性冲动时，完成得比较迅速。而恰恰相反，在我们谈论的这些类型中，力比多在他们对母亲的依恋上固着了太久，即使青春期过后，母亲的特质仍然深深根植在他们长大后的择偶观中——很长时间以后，爱恋对象变成了母亲形象。我们不妨将一个人的心理活动与新生儿的颅骨塑形进行类比，如果母亲生产不顺利，那么孩子的颅骨就会长成母亲盆骨的形状。

对这一类择偶类型的男人来说，无论他们的恋爱条件还是恋爱行为，实际上都来自和母亲相关的一系列感受。现在，我们有必要找出一些理由，来支持我们对这一问题所进行的陈述。最容易解释的就是前文所述的第一个条件，即被爱慕的女人要属于别的男人，也就是“受害的第三者需求”。我们一眼就能看出，对家庭成长中的孩子来说，母亲归属于父亲是母亲本质中无法分割的一个部分；而那个“受害的第三者”也不是别人，就是父亲本人。这些男人会高估自己所爱慕的女人的形象，将她视为独一无二的人。男人们用这种想法迎合婴儿时的一系列观念，因为一个人只能有一个母亲，而与母亲的关系建立在不可置疑、永远无法替代的基础上。

在我们讨论的类型中，如果这类男人的择偶对象是母亲的形象，那么接下来他们在择偶过程中的一系列表现，看起来是如此违背对于女性的忠诚，我们也就很好理解了。我们从其他一些案例中认识到，精神分析已经揭示出无意识中具有对某些不可替代事物的迫切欲望，这种欲望总是在现实中无休止地转变。之所以无休止，是因为这种欲望永远不可能在替代物身上得到满足。小孩在某个特定年龄段所表现出的无休止的追问也可以得到解释——这些小孩产生了一个疑问，却无法用语言将问题组织好并表达出来。很多神经症患者会出现唠唠叨叨的状态，也可以得到同样的解释——他们之所以不断说话，就是因为郁积的秘密迫使着他们必须坦露心声，但是无论如何诱导，他们也无法说出真实的心声。

前文所述的第二个恋爱条件，即择偶对象必须足够“轻佻”，似乎与恋母情结极度对立。在成年男子的意识层面中，他们把母亲视为道德上纯洁无瑕的象征。对于母亲品德的任何怀疑，如果出自他人，会被视为极大的侮辱；如果出于自己，那这个人肯定非常痛苦。然而正是“母亲”与“娼妓”之间针锋相对的关系，促使我们去研究这两种情结的演进历程以及这两者在无意识中的关系。因为我们早就发现，在无意识中，两件看上去截然相悖的事物，往往有可能是一个整体。对此的研究引导我们追溯到男孩人生中的一个阶段，在那时，他第一次多多少少了解到了成人之间性关系的细节，这往往发生在青春期之前。性爱的奥秘就这样展现在了男孩眼前，其中充斥着粗俗的语言、公然的贬低和敌对的意图。成人的权威与他们被披露的性行为之间不可调和，就这样，权威被摧毁了。而对于刚刚受到这类启蒙的孩子来说，那些粗俗话语给他们留下了深刻印象，他们或许会立刻用这样的话来反驳说：“你的父母或者其他人可能会干这种事，但我的父母一定不会。”

通常而言，随着这些“性启蒙”的到来，男孩必然会进一步认识到，存在着某一种女人，她们以性作为谋生的手段，并且往往因此被别人看不起。对男孩而言，他们会对这种不齿感到陌生。一旦男孩意识到，尽管现在他将性生活看作“大人”的专属特权，但自己以后也要进入这样粗野的生活时，他对这些女人便会极尽渴求而又恐惧。在这之后，男孩再也无法自欺欺人，他会了解自己的父母在丑恶的性行为面前，也不能免俗，此时他会带着一种怀疑的逻辑告诉自己，母亲和荡妇的区别根本没有那么大，究其本质，她们是一样的。男孩了解到的这些知识，切切实实唤醒了童年早期的印象和欲望，并且唤起了他脑海中的某种情感。在这一新知识的启迪下，他开始对母亲产生欲望，并对阻碍自己的父亲重新燃起恨意——正如我们所言，他受到了俄狄浦斯情结的支配。他永远不会忘记，母亲将发生性关系的特权赋予了父亲，而不是自己，而他将这种行为看作母亲对自己的不忠。要是这种感觉没有很快消失，那这些男孩只有用一种方式进行宣泄，那就是幻想。在幻想中，各种各样的性爱情景都能够指代母亲。最容易让男孩到达高潮的就是手淫。最终，男孩会长期受到两种同时发生的感觉上的压力，一是想要得到母亲，二是对父亲复仇。男孩尤其偏爱幻想母亲的不忠，在幻想中，母亲产生不忠行为的对象，往往和男孩本人有这样或那样的相似特征。或许更准确地说，母亲的这些情人代表着自己的理想形象，而这形象是他想象自己成长为一个男人以后的样子，他能够与父亲抗衡。我在另外的著作中描述过“家庭罗曼史”这一概念，它是由男孩丰富多彩的幻想运作形成的。在男孩目前的人生阶段中，这些幻想又与各种以自我为中心的兴趣交织在一起。现在，我们已经认识到了男子在这一时期的心理发展，他们对“轻佻”女性的偏爱，可能源于恋母情结的说法，我们也不再感觉其自相矛盾、荒诞不经了。

在我们的观察中，喜欢轻佻女性的这种男人，很显然带有青少年心理阶段的印记，很容易能理解，这种类型的男人，其青春期幻想中的固着，会在日后的现实生活中实现。当然不难设想，男孩在青少年时期的过度手淫也源于这类幻想的固着。

“拯救”被爱之人的冲动与控制着现实恋爱体验的幻想之间仅仅具有松散而表面的关系，这种想法完全处于意识的层面。心上人的变化无常与水性杨花，会让她进入危险的境地，因此这类男人自然认为自己应该极尽所能保护所爱之人，守护她的贞洁，防止她去做罪恶的事。不过，关于男人和女人的遮蔽性记忆、幻想以及夜晚梦境的研究表明，这类想法是无意识动机在当下特别完善的“合理化”，相当于对某一个梦境进行了完美润饰的结果。男人想要“拯救”的念头，实际上在其个人历史中具有重大意义。它是恋母情结的一种独立衍生物，或者更准确地说，是双亲情结的衍生物。当孩子听闻自己的生命是父母给的，是母亲生下了他时，他心中既充满柔情，又想要赶快长大，赶快独立。孩子因此形成了一种欲望，想通过具有相应价值的礼物，来回报父母馈赠的生命。这就好比一个男孩叛逆地说:“我不要父亲的任何东西，我会还清他在我身上的所有开销。”因此他常幻想自己能在危急时刻救下父亲的命，这样就能与之脱离干系。这一类拯救的幻想常常被转换到皇帝、国王或者其他伟大人物身上。当这类幻想进入意识中，作家们也会以此为素材进行创作。对父亲而言，这种“拯救”幻想中挑战的态度超过了感恩的柔情，后者往往关涉的是对母亲的态度。

是母亲给了孩子生命，要想为这绝无仅有的恩赐找一个等价的礼物，显然不那么容易。但我们常在无意识中，对事物的含义进行微妙的改变，正如在意识层面，许多细微差别的意涵，也能融合为一套观念。于是，男孩对母亲的拯救，就和赐予她一个孩子，或者为她缔造一个孩子等同了起来。当然，这个缔造的孩子和男孩自己相像。这一改变相对于“拯救生命”这一原本意义，似乎差别并不甚远。因此从某种意义上看，这种改变并非无端出现。母亲给了他生命，于是他要用另一个生命作为回报，而且作为回报的孩子要尽可能与自己相像。儿子希望和母亲生一个与自己相像的孩子，以表达自己的感激。这样一来，在拯救的幻想中，男孩将自己与父亲的身份等同了。这一切本能，爱、感激、肉欲、挑衅、专断和独立都在欲望中得到满足，而这个欲望，正是成为父亲的欲望。甚至在这样的意义变化中，危险的元素也并未消失。男孩的出生本身，就被看作是母亲通过努力，挽救自己于危险之中。事实上，出生就是人生的第一个险境，也是我们后续所有恐惧之事的原型。这种体验往往藏身于其他情绪背后，也就是我们所说的焦虑。苏格兰传说中的麦克德夫，正因为不是由母亲所生，而是“从子宫中剥落而出”，这才无所畏惧。[1]

古代释梦家阿特米多鲁斯的主张无疑是正确的，他认为梦境的意义是因人而异的。在无意识思维表达法则的支配下，“挽救生命”的意义，在男性和女性的幻想中大相径

---

[1] 麦克德夫（Macduff）是苏格兰民间故事中的英雄，传说他剖腹而生，最终杀死了暴虐的国王。莎士比亚在戏剧《麦克白》中借鉴了这一人物形象。

庭。对于男性而言，它表示缔造一个孩子、为孩子赋予生命；而对女性而言，则表示生下孩子。

在梦中或幻想中，这类关于“拯救”的不同内涵，当它们与水同时出现时，特别容易被识别出来。当男人梦见自己把女人从水中救起来时，意味着男人使女人成为母亲，而基于上述探讨，我们可认为他将这个女人看作自己的母亲。而当女人梦见自己将别人（通常是一个孩子）从水里救出来时，她自己就代表了生下这个孩子的母亲，就像摩西传说中法老的女儿一样。

在拯救父亲的幻想中，偶尔会出现几分柔情的意味。对儿子而言，这样的幻想表达了一种欲望，那就是，正是儿子缔造了父亲，也就是说，将父亲当成了自己的儿子。因为“拯救”的观念与杀父恋母情结的各种联系，拯救所爱女人的各种欲望，构成了我们所探讨的这类择偶类型的人的本质。

我认为已经没有必要更进一步证明，我得出这种结论的方法是正确的。在此，我的首要目的与探讨肛门性欲的话题时一样，仅仅是找到极端类型，并将其概括明了。在这两个情况中，有不少人只具备其中一两个特点，有的甚至连这一两个特点都很难被辨识。因此，只有在我们对涵盖这些元素的整套观念进行探索之后，我们才有可能体会到其中的特征。

恋爱心理学

——爱欲生活中最普遍的堕落现象

（1912）

一

如果一位精神分析师问他自己，哪一种心理障碍是他最常接诊的，那他很有可能这样回答：除了多种形态的焦虑之外，最常见的就是心理性阳痿了。受到这种奇怪心理障碍影响的，往往是力比多很强烈的男性，但他们的性器官却对性行为表示抗拒。尽管他们在性行为前后，通常极尽所能表现自己完全有能力胜任性爱，而且他们的内心，对性行为的欲望也十分强烈。男性在第一次隐约意识到自己的症状时，往往发现自己只是和某几个女性发生关系时才会出现障碍，而与其他一些女性则并不会这样。因此他会意识到，自己在性功能方面的抑制，是由于性爱对象的某些特征，据这一类男人描述，有时候他们会出现退缩的感觉，因为他们感知到自己内心的审查，它成功地干扰了意识层面的意图。然而，这种内在的抵触到底是什么，他们不得而知，也不知道性爱对象的哪一种特质会激发这种抵触。如果自己在性关系上屡次失败，他们或许就会基于惯性归纳出错误的结论：自己这样的焦虑以及连续的失利，是因为回想起了第一次失败的情形。然而这类男性会将第一次失败，仅仅看作一个“意外”。

关于心理性阳痿的研究，已经获得了不少关注，也有各种文章发表了。每位分析师都能依据自己的经验，举证出一套相关的解释并加以证明。事实上，这种障碍源于人们脑海内某种情结的抑制，但这种情结并不为当事人所知。导致这类障碍的要素中有一个非常普遍的特征，那就是对于母亲或姐妹的乱伦固着，且这种固着一直未得到克服。除此之外，偶然发生的痛苦印象的影响与婴儿期性活动的关联，也值得考虑。对这些因素进行综合思考，我们往往就能找到导致男性对女性性爱对象力比多减退的因素。

在我们采用精神分析手段，对严重的心理性阳痿个案进行全面研究时，我们发现来访者出现了如下的性心理过程。这种性心理过程，很可能与所有神经症性障碍一样，其根源在于，当来访者的力比多向着所谓正常的最终形态演进时，遭遇了某种阻碍的中断。这类人为了确保自己具有与常人相同的恋爱态度，通常会将柔情与肉欲结合起来，但在具有上述障碍的人身上，这种结合无法实现。

这两种感受中，柔情产生得更早一些。它萌发自童年的早期，其构成的基础是人们的自我保护本能。这种柔情直接指向孩子的家庭成员，以及关爱他的人们。从这样一种来自很早期的性本能因素出发，孩子的情欲旨趣也逐渐形成，它多多少少能在孩子的童年时期见到，而对于精神分析的神经症群体而言，他们在长大后也会保留这种本能。这种柔情的感觉代表着孩提时期最初的择偶行为。基于此，我们会看到孩子的性本能通过自我本能铺设的道路，找到了自己的第一个对象。该对象的价值，也是由自我本能设定的。与此同时，孩子也初次体验到了与性有关的满足感，也就是说，这是一种以自我保护为目的的生理功能。但孩子从父母或陪伴者那里体会到的“柔情”，往往难以掩藏其情欲的特征（“孩子本就是一种充满情欲的玩具”）。“柔情”大大增加了自我本能引发的专注中的情欲成分，并将这种成分的标记留存在孩子未来发展中，在一些能够引发类似情形的环境中，则更是如此。

孩子这种“柔情”的固着，会贯穿其整个童年，同时会持续吸纳其他的情欲元素，使他们最终偏离了自己的性爱目标。他们到了青春期时，这种“柔情”之上会增加一种强烈的“肉欲”，后者的目的是非常露骨的。很显然，这种感觉仍然会循着孩子早期铺陈的道路去寻找自己的对象，而此时的力比多，要比小时候强烈得多。但此时，在男孩与性欲对象的关系面前，却横亘起了一道乱伦阻障，正是这道阻障阻碍了两人的关系。因此，男孩会从不能给他真正满足的对象中转移，转而去寻找外在世界能够给他带来真正性爱生活的对象。而在对新的对象的筛选中，肉欲的本能仍然会遵循婴儿期的心灵成像模式。不过这时候，他们会将自己展现于原始对象身上的柔情，转移到新的性欲对象身上。正如《圣经》中的箴言所言：“为这个缘故，人要离开父母，与妻子结合，情感与肉欲结为一体。”肉欲激情的力量，能让男人对于性爱对象产生最高的心理估值（对于男人而言，过高估计性爱对象是十分正常的）。

力比多能否在男人的成长中顺利发展完成，有两个因素决定。第一个因素，是现实中产生的挫败程度。这种挫败能够阻止男人选择新的对象，并且降低其关注对象的价值。因为如果这个男人丧失了一切选择的可能性，或者难以选择到合适的对象，那么选择对象的行为也就没有了意义。第二个因素，是性欲对象的吸引力程度。它在婴儿期形成，本应该消失。这种吸引力又和童年时期情欲投入的依恋成正比。如果这两个因素都足够强烈，就意味着引发神经症的普遍机制开始起作用了。力比多开始偏离现实，受到（内省性）幻想之物的吸引，男人最初性欲对象的意象不断被强化，造成了力比多的固着。然而，横亘着的乱伦阻障也必然要求依恋在性欲对象上的力比多最终留存在无意识之中。此时，肉欲的感觉已经依恋于有关性欲对象的无意识观念中。手淫行为对肉欲的释放又强化了力比多的固着。男性对外来对象的追求在现实中失利，却要么在幻想中，要么在类似幻想的手淫中得以实现。那么这种固着的结构是不会改变的，只不过幻想中的原始爱欲对象被新的对象取代了。通过这种取代，幻想或许就能够进入现实了，但是这些幻想并不能使力比多外化到真实的世界中去。

基于这样的方式，年轻男子的所有肉欲感觉都会在依恋着乱伦对象的无意识中残留。或者，通过另一种方式，被全部固着到乱伦幻想中。这样做的结果便是彻底阳痿，而与此同时，其性器官因为确实无力去完成该做的事情，便进一步加剧了其心理上的阳痿。

还有一种程度较轻的症状，也能用以阐明我们通常说的心理性阳痿。此时，不一定所有的肉欲情感都隐藏在柔情之后。它可能会在现实中留存一部分，保证自己能够发泄出来。不过很显然，这类人倾注于性行为中的心理能量，不一定是出于本能。这样的性行为阴晴不定，往往令人沮丧。他们行为拙劣，难以令人愉悦。总而言之，这类性行为完全阻隔了人们对柔情的联想。因此，它也在人们对性欲对象的选择上施加了限制。这种肉欲的感觉，仅仅出现于特定的性欲对象身上，这些对象不会让男人想起禁忌的乱伦对象。至于那些在男人心目中价值颇高的对象，则只能激发他们不带有情欲的柔情，而并不能激起他们肉体的兴奋。这类人群的情欲生活处于分离状态，被分成了两种道路，类似于艺术表现中的天堂之爱和尘世（或动物）之爱。前者有爱而无欲，后者有欲却无爱。为了让自己的肉欲不要和所爱之人产生联系，他们会寻找无须投入爱意的人作为对象。因此，基于“情结的敏感性”以及“压抑的回归”法则，当男人们为了避免乱伦情结而挑选的对象出现某种乱伦特质，哪怕这种特质非常不易察觉，而它们仍使当事人想起他们需要规避的对象时，暗含着奇怪拒绝的心理性阳痿也会出现。

男人会运用自我保护的基本手段，来抵御这种苦处，包括降低自己对性欲对象的心理预期，保留自己对乱伦对象及其代表的过高估计，而这种高估本应被放在性欲对象身上。一旦性欲对象符合其堕落后的条件，肉欲之感就能够自由释放，令人满意的性能力和性爱的高度愉悦也能被开发出来。引发这种结果的，还有另一个因素，对柔情和肉欲之感无法较好融合的人而言，他们获得性快感的方式往往比较粗劣。他们往往沉溺于不当的性行为，如果性行为太过传统，反而让他们得不到满足，而对这些人来说，只有在和自己降低预期后、不值得被爱的性欲对象交合时，他们才能获得这样的满足。

幻想背后的动机，我们在之前的文章中有所提及[1]，男孩会将自己的母亲贬低为娼妓，而这一动机也很好理解。男人们努力想要在这两种情欲感觉之间的鸿沟上，架起一座桥梁，即使这座桥梁只是架在幻想之上。他们对母亲的贬低，实际上满足了自己将母亲作为性欲对象的欲望。

二

至此，我们要从医学心理学的视角来探讨心理性阳痿的问题，这似乎与本文的标题不那么契合。但是，该视角能够为我们实际要探讨的主旨，提供必要的推进方法。

此前，我们将心理性阳痿简化成了柔情和肉欲两种情欲感觉之间的分裂，并将人们发展过程中的这种抑制，解释为孩提时代强烈的固着效应，该效应在主体长大之后，便会竖起乱伦阻障，令其性爱生活受到干扰，出现挫折。但是针对上述说法，出现了一种反对意见。这种反对意见认为，上述说法有些言过其实了，它解释了某类人群出现心理性阳痿的原因，却没有解释其他人为何没有这种困扰。毕竟这一问题涉及的所有因素，包括童年情结的强烈固着、乱伦阻障、青春期之后所遭受的挫折等，显然在一切文明

[1] 见本书上一篇《恋爱心理学文本——男性择偶的一种特殊类型》。

人身上都有体现，那么心理性阳痿就应该广泛出现于所有文明社会中，而不应该表现为某种特定人群身上的病态。

反驳这种论调也非难事，我们只需指出导致心理性阳痿原因中的量的因素，也即每个单项因素的量的多少，才构成该病理性结果是否出现的决定因素。但以我所见，就算这种说法十分有理，我还是不想以此来驳斥上文所描述的反对意见。相反，我就假设这种心理性阳痿，其涵盖人群远比我们推测的要大。也就是说，我假设在广大人群的情欲生活中，实际上都存在这样的问题。

心理性阳痿原本指的是人们希望在性交中得到快乐，而且在性行为时，性器官也没有损伤，但是交媾过程却失败了，这样一种情形。如果要将其含义扩充，不再局限于此，那么广义的心理性阳痿将包括以下情况：患有心理性阳痿的这类男性都能被描述为心理麻痹，也就是说，这些人从未在性行为上失败过，但是他们性交时没有特殊的快感。这种状态要比人们想象的存在普遍。在精神分析对这些个案进行研究时，也发现了和心理性阳痿同样的致病因素。狭义而言，在研究的初期，很难解释两种症状有何差异。但通过一种类比，解释就比较容易了。我们由这些心理麻痹的男性，联想到女性中数量庞大的性冷淡群体。她们对待爱情的态度，非常适合类比为男性中的心理性阳痿群体，只不过男性的症状会更明显一些。

然而，如果我们不对心理性阳痿的含义进行扩充，转而关注某些具有较少症状形式的特殊案例，我们就很难否认，在现代的文明国度中，男性恋爱行为中的心理性阳痿问题十分普遍。只有在很少数的集体文化中，人们才能将柔情和性欲两种力量完美地合二为一。大多数男性往往会感觉到，其性行为之所以受阻，是因为自己对女性抱有尊重，只有在自己的性欲对象表现出低劣的形态时，他的性潜能才会完全释放。当男性的性爱目标包含某些不当的性欲元素时，这种症状就能受到限制，他不愿意在自己尊重的女性那里获得性快感。只有当她全身心耽于享乐的时候，他才能获得彻底的性满足。如果对他落落大方的妻子，他就没有胆量这样做。因此，他会寻找不那么高贵的性爱对象来满足自己的需求，这个女人的道德更为淡薄，与这样的女人在一起，他无须产生任何审美上的顾虑。对方也和他素昧平生，不会指责他什么。对这样的女人，他才更愿意释放自己所有的性潜能，即使他会将内心全部的柔情爱意，都奉献给更加高尚的那一类。同样，这类倾向往往见于社会地位较高的男性，包养一些身份低微的女人作为情妇，甚至娶她们为妻，这不外乎是出于男人对堕落的性欲对象的需要，他们想在心理上获得完全的快感。

我坚决认为，有两个因素，造成了绝对的心理性阳痿。在文明社会男性的情欲生活之中，这两个因素也常常会起作用。这两个因素就是童年时期的强烈乱伦固着，以及青春期时切实遭受的挫折。当然，这样的情欲生活听上去如此丑陋，又充满矛盾。然而不管是谁，只要想获得真正自由与幸福的爱情，就该克服自己对女性的敬畏感，以及对母亲和姊妹的乱伦念头。任何一个面临这一考验的人，只要陷入严肃的自我审查，就一定会发现，在其内心深处，他同样将自己的性行为看作一件丢脸的事，这件事所玷污的还不仅是身体。如果去寻找这种堕落态度之根源，他会发现自己在年少之时，自己的力比多已经高度发达，但被禁止从家庭之外的对象身上来满足性愉悦，这种行为的禁忌程度就像禁止寻求乱伦对象。

在我们的文明世界中，女性同样受到教养方式的影响，而且，如果男性对她们抱有上述态度，她们也会受到影响。如果男性和女性发生关系时无法全身心投入，会让女性感受到似乎这个男性在一开始爱上自己时产生了过高的估计，但在成功将自己占据之后，他就将自己视如草芥了。这种感觉自然会让女性心里不是滋味。女性倒不太需要降低对自己的性爱对象的估计，因为她们通常也不会本能地高估男性。然而，长期强加于她们身上的禁欲，以及她们在幻想中对情欲的渴望，会产生另外一种结果。之后，女性的脑海中，长期存在着性欲的幻想与禁忌的限制，其结果就是在性行为被解禁之后，她们也无法消除头脑中形成的肉欲活动和禁止的事之间的联系，反而陷入了心理性阳痿，也就是性冷淡。这也就是为何在很多女性看来，即使是合法的亲密关系，她们也不愿很快公之于众。但是一旦有某种风流秘事能让这种禁忌被突破，比如自己对丈夫不忠，而与情人保持一种次等忠诚的生活时，这类女性反而能表现出正常的性生活能力。

在我看来，女性情欲生活中受到禁忌的必要条件，与男子降低其对性爱对象的期待出发点是相同的。两种情况都是由于社会教育的结果。社会教育要求一个人的性成熟和实际性行为之间要间隔很长一段时间。这两种情况的目的都是在柔情和肉欲之间缺乏联系的情况下，去克服心理性阳痿。同一原因作用在两种性别身上的结果如此不同，是由于两性之间还存在行为上的差异。对于向往很高素养的女性来说，她们往往不会在漫长的等待期中打破性行为的禁令，于是她们就会将禁忌和性行为紧密地联系起来。而男性只要降低自己性需求对象的标准，满足付诸性行为的条件，就可能直接跳过那道禁令，并将这一条件延续到以后的情欲生活中。

当今文明世界为了改善人们的性爱生活，进行了大量的努力。在这样的观念之下，我有必要提醒读者，精神分析研究与任何科学研究一样，对此不带任何偏见。在从表面特征追踪到隐藏着的根源的工作中，精神分析唯一的目的，就是揭露联系。如果各种联系水落石出，对促进改善有用，让更多有利条件取代有害条件，就令人很满足了。不过，我们无法预知，另一套习惯的建立，是否会带来另一种或将更加严重的牺牲。

三

文明的教育强加在情欲生活上的限制引发了普遍的对性爱对象标准的降低。这一事实促使我们从性欲的对象去关注性本能本身。人如果在年少时被剥夺性愉悦，其后果就是当他们进入婚姻生活，禁忌被解开以后，也无法完全享受到性爱的满足。但从另一个角度看，早期不加限制的性解放也未必带来好结果。一旦获得性快感成为轻而易举的事情，性欲的满足在人们脑海中的价值便会骤降。为了让力比多尽可能释放其最大的潜力，设置一些障碍是有必要的。任何为了抑制性快感而自然产生的阻碍都不那么充分，因此人类总会设立起一些惯例作为障碍，目的是更好地享受性愉悦。这种行为在个人和民族层面均有出现。一旦出现对性欲满足不加阻碍的时期，比如在古时候某些文明衰落的时期，爱情变得一文不值，生活变得空洞无物。对爱情的情感价值必不可少，在其发生时必须产生强烈的反应形式。在这样的背景下，基督教中的禁欲倾向，在某种程度上就很有利于提升人们对爱情的心理估值。这样的禁欲倾向对于苦行僧的一生来说意义非凡，他们几乎毕生都在与力比多的诱惑进行着斗争。

毫无疑问，我们会在官能性本能的普遍特征上，看到上述困境的最初迹象。基于广泛的事实可知，在人们的内心，本能欲望的影响力会由于挫折而增强。假设我们做一个试验，让一群具有个体差异的人，处于同样的饥饿条件下。随着想要填饱肚子的需求增加，他们的个体差异将会被渐渐抹去，代之以一种出于本能的，整齐划一的不满足感。那么反过来说，如果本能得到满足，那么人们对本能的心理价值会随之降低吗？举个例子，当你想到饮酒者和酒的关系时，就会发现，酒总会对饮酒者产生机能受损的快感。而在诗歌中，这种快感往往与情欲联系在一起，科学研究也认为两者是能够类比的，不是吗？你是否曾听说，有些饮酒者因为厌倦总喝一种酒，于是必须不断变换饮酒的种类？而事实恰恰相反，被习惯束缚的饮酒者，只会越来越偏爱某种特定的酒。你是否曾发现，喜欢喝酒的人必须到另一个酒价更昂贵或有禁酒令的国家，只为通过这些阻碍来提升自己饮酒时的愉悦？其实根本没有这种情况发生吧。让我们来听听阿诺德·勃克林这样嗜酒如命的人来谈谈对酒的态度吧。他认为喝酒能达到高度和谐的境界，就像进入一桩完满的婚姻。那么，为何爱情中的男女，对自己性爱对象的态度就如此不同呢？

听来可能有点奇怪，但我认为应该从性本能的本身来考虑这个问题：性本能本身的某种性质，阻止人去获得绝对的满足。当我们想到本能所经历的漫长、艰难的演进历程时，上述困境的两个因素便会第一时间浮现出来。首先，性爱发展中的这两根“猛刺”，会迫使人们对性爱对象进行选择，而在此之间还有乱伦阻障出来干预。因此，一个人最终选择的对象不会是一开始所选择的，仅仅是开始的替代品而已。然而，精神分析已经向我们表明，人们出于原始本能所选择的对象，已经因受到压抑而丧失了，这个对象只会被后续一连串的对象替代，这些对象没有一个能为主体带来彻底的满足。这就能解释这类群体的对象选择为何缺乏稳定性，“渴望刺激”往往是成人之爱的特征之一。

第二，我们知道在早期，性本能是被拆分成大量元素的。或者说，性本能由这些元素演变而来，但它们并不全都能演变到最终形态。它们在演变为最终形态之前，有的受到了压抑，有的另作他用。首先，或许从人类演化到直立行走，从地面上寻嗅气味的器官退化之后，本能中的嗜粪癖元素，就变得不那么符合我们的美学主张了。后来，情欲本能中的施虐元素也被废弃了。然而，这一切的演化过程，都只关乎我们复杂本能架构的表层。激发情欲兴奋的基础环节岿然不动。生殖器官的位置——它位于尿液与粪便之间[1]——依然不可撼动且具有决定性。人们或许能用伟大的拿破仑的名言来修饰这种处境，他说过“人体生理是天定的”。生殖器官本身就不像人体的其他器官一样有越变越美的趋势，它们依然保留着动物性的形态。甚至当今时代的爱情，其本质也和动物无二，情欲的本能很难被标准化。对它们的规训往往矫枉过正，收效甚微。成人的性行为中很难保证持续的冲动，于是人们会缺乏满足感。

因此，我们或许应该下定决心，否认性本能已经被文化需求同化这种论调，整个人类种群，都难逃文化发展有在未来某一天崩塌、失败或者消亡的威胁。这样阴郁的预言，实际上是基于一种猜想，即与文明共生的满足感的缺乏，正是性本能受到文明压制之后的必然结果。当性本能屈服于文明的首要需求，就失去了获得彻底满足的能力。然而，这种能力的缺乏又是文化的源流及其最大的成就。它的产生是由于性本能中各个部件得到了升华。那么，当任意处置性爱的精力就能获得彻底的满足和愉悦日子，人们到底是出于怎样的动机，才会将性爱的精力用作他处呢？人们根本无法放弃这种满足的愉悦，也因此很难继续进步。这样一来，性本能和自我本能的需求之间，似乎就出现了不可调和的矛盾，而这种冲突驱使人们追求更高的

---

[1] 这是一句拉丁谚语，出自中世纪思想家奥古斯丁（Augustine）。他说：“我们出生于尿液与粪便之间（inter urinas et faeces nascimur）。”

价值实现，即使其处境危险，比如可能产生神经症。当然，在目前的情况下，只有弱者才会被神经症击垮。

科学在此的目的既不是为了警示人们，也不是为了打消人们的疑虑。我自己倒是愿意承认，此处得出的结论富有深意，其基础也必然更加广泛。但该结论也可能往其他方向发展，最终帮助人们化解这些问题带来的影响，在此，我们可以说只是对这个问题进行了单独的考量。

处女禁忌

（1918）

几乎没有原始人类在性生活中的细节留存下来，比如他们对于处女（指在性方面未被触碰过的女性）的态度。现在的男人在追求女人时，将其处女之身看得很重，这似乎根深蒂固，不言自明。但如果有人想要探讨这一观念的原因，就会感到非常费解。男性要求女性在结婚前，绝不能与其他男人发生性行为。这种要求归根结底是一夫一妻制的逻辑，即男人希望自己对女性的占有权具有排他性——只不过这种垄断被延伸到女人过去的时光里。

从这里出发，我们将继续研究女性情欲生活的性质，并且对上述看似偏颇的观点进行合理解释。少女在环境与教育的作用下，长期艰难地压抑自己爱的欲望，最终形成了阻抗，当男人满足了她的欲望，阻抗也就此被克服，此时她就会进入亲密而长久的关系中，再也不会属于其他男人。这种体验让女人进入一种“奴役”的状态，确保了男人对其长期且不受干扰的占有，也让她回避新的邂逅和诱惑。

克拉夫特·埃宾于 1892 年首次提出了“性奴役”的概念。他用这个词来形容这样一种情况，即一个人面对其性伴侣会发展出一种不同寻常的高度依赖与无助。这种“奴役”有时会持续增长，甚至发展到完全丧失个体的独立意志，最大限度地牺牲个人利益的程度。不过，作者也成功观察到，这类依赖在某种程度上，“对于长久的亲密关系而言是必要的”。因为在文明社会的婚姻维持中，某些性奴役的方式是必不可少的。它可以遏制多偶制婚姻的倾向，而多偶制婚姻对于文明社会而言，是一种破坏性的威胁。在我们的社会团体中，这一因素往往会被人们加以考虑。

克拉夫特・埃宾认为配偶中的一方具有一种“不同于常人的痴情，且性格脆弱”，而配偶的另一方却有着极度的利己主义。性奴役就源自这两者的结合。然而，通过精神分析的一些案例，我们发现这是一种过于简单的解释。相反，我们可以清楚地认识到，性奴役来源的决定性因素是克服性爱阻抗的力量。此外，在一次集中精力的性行为中，这种克服阻抗之力的程度和初夜及之后性行为的完成程度，都对性奴役的出现有重要意义。基于这些原因，无论在发生频率上还是强度上，性奴役在女性中都要强于男性。即使与过去相比，如今男人的性奴役现象也较为普遍。如果我们有能力研究男人身上出现的性奴役，就能证明这是男人在某一特定女人身上战胜了心理性阳痿的结果，此后，这个男人就会与这个女人保持束缚关系。许多令人惊讶的婚姻，以及不少悲惨的命运，甚至很多含义深刻的事件，似乎都能从中找到解释。

现在我们来讨论原始人类对处女的态度。如果认为原始人类宣称女性贞操毫无价值，并且试图证明他们认为女性的失贞发生于婚姻之外或者首次婚内性行为之前的情况没有关系，这是不正确的。恰恰相反，对当时的人们来说，失贞行为也有重要的意义。不过，它最终成了一种禁忌，或者说宗教禁律。在原始人的习俗中，女孩的贞操不是留给新郎，或者她未来丈夫的，丈夫应该避开这一行为。

我本不想引用大量文献来证明这种禁律的存在，也无意研究这种禁律的地理分布或者其他表现形式。我只想陈述这样的事实：在原始人类社会中，婚前便将处女膜破坏的习俗十分普遍。因此克劳莱说："在婚礼仪式中，保留着这样的习俗，处女膜的破坏是由某些不是丈夫的指定人士完成的。这种习俗在文明演进的最低阶段非常普遍，尤其是在澳大利亚。"

然而，如果新婚之夜的一次性行为中没有发生破坏贞操的事，婚前总会有某个其他的人，以某种方式完成这件事。我在此要引用克劳莱《神秘的玫瑰：一项原始婚姻的研究》中的一些表述，这本书对此提供了一些信息。我也会给出一些自己的评论。

> 第 191 页："因此，在（澳大利亚）迪埃利（Dieri）及其周边部落中，青春期以后，女孩的处女膜被破坏是很常见的。"[《皇家人类学研究所杂志》（*Journal of the Royal Anthropological Institute*）第二十四卷，169 页] 在波特兰（Portland）和格莱内尔格（Glenelg）部落中，这件事是由一位年长的女人来完成的；有时候也会要求一位白人男性来为少女开苞。（转引自布劳·史密斯的著作）
>
> 第 307 页："有时候在女孩的婴儿期，处女膜就会被人为破坏，但一般还是会发生在青春期……与澳大利亚一样，这一事件一般结合性行为仪式而发生。"

> 第348页：[在斯宾塞（Spencer）和吉伦（Gillen）关于澳大利亚部落的报道中，提到了婚姻习俗中广为流传的族外通婚限制]“处女膜受到人为破坏后，辅助完成（据观察应是一种仪式）的男人就会按照固定顺序，轮流进入女孩的身体……整个活动分为两部分，即破处和性交。”
>
> 第349页：“（分布于非洲区域的）马赛族人，他们婚姻中一项重要准备工作，就是对女孩执行破处的仪式。（转引自J. 汤姆森著作）这样的破处行为在（马来西亚的）沙凯斯族人（Sakais）、（苏门答腊的）巴塔斯族人（Battas）、[西里伯斯岛（Celebes，今苏拉威西岛）的]阿尔福斯族人（Alfoers）部落中，都是由新娘的父亲来完成。[转引自普洛斯和巴特尔斯（Ploss and Bartels）著作]在菲律宾，会有专门从事这项职业的男人为新娘破处，前提是在童年时期，少女的处女膜没有经过年长女性的破坏。在爱斯基摩人的部落中，女孩的破处通常是委任巫医或牧师完成的。[转引自费瑟曼（Featherman）著作]”

对于上文引述的这些内容，我的批判主要有两点。第一点，上文的论述中包含两种情况：第一种情况仅仅是破坏处女膜，不伴有性交；第二种情况是伴有性交，并且以破坏处女膜为目的。但令人遗憾的是，上述论述中并没有区分这两种行为。论述中只有一处讲到该过程是被拆分为两个动作的，即（用手或工具）破处之后发生性行为。从普洛斯和巴特尔斯著作所收集到的素材中，或许可以发现其他领域有用的内容，但对我们的目标而言，这些素材可以说毫无用处。因为这些著作的兴趣主要是从解剖学角度研究问题，完全没有关注到破处行为背后的心理学深意。

第二点，人们大概都很愿意了解这些场合中的“仪式性”（即纯粹形式的、礼仪的、官方的）性交与普通性交之间的区别。而我认为上述著作中的作者们要么是因为提及这些事情令人羞耻，要么是再次低估了这些性爱细节对于心理学研究的重要性。人们希望旅行者和传教士对原始人类性风俗的一手报告更加翔实，而不再模棱两可。但现今出版业的状况使然，大多数来自海外的资料，我们都没办法获得。因此对于这一问题我没法妄下定论。但无论如何，我们还是有理由对批评的第二点抱有怀疑的态度，考虑一下远古时期这种仪式性的模拟性交，是否仅仅作为完整性行为的替代，还是说是性行为本身的一种补偿。

有许多因素能够解释上文的处女禁忌，我现在简要对它们进行介绍。少女破处往往会出现流血，我对此试图进行的第一种解释是：原始人类往往将血视为生命的核心，因此他们畏惧流血。这样的流血禁忌也表现在各种与性爱无关的规范中。很显然，这种禁忌与对谋杀的禁止有关，它代表一种对杀人嗜血的原始欲望的防御。很明显，在这一观念中，处女禁忌和月经禁忌联系在一起。原始人类会不自觉地将每月流血这一神秘现象，与某种虐待狂的想法联系在一起。因此他们将月经，尤其是月经初潮解释为灵兽的噬咬，有时还将其视为与灵魂交媾的象征。

在上述报告中，偶尔也会有人宣称这些灵魂是原始人的祖先，我们还通过其他知识了解到：处在经期的女孩被祖先的灵魂占有，于是她们便成了禁忌。

不过，还有另一种考量提醒着我们，不该夸大流血恐惧这类因素的影响。毕竟这类因素的影响力还不能压倒另外一些风俗，比如割掉男孩的包皮，或者更为残酷地将女孩的阴蒂和小阴唇割除，这两种行为，往往会在族群中同时出现，同时其他有关流血的仪式也被一并保留。因此，如果我们看到第一次性行为之后，女性为了取悦丈夫，并没有严格遵守禁忌，我们也就不会感到惊讶了。

第二种解释也和性爱无关，然而这种解释相比于第一种更加普遍和平常。该解释认为原始人被一种永久的“焦虑性期待”所支配，这是一种无意识层面的忧虑，就像精神分析界定的神经症理论中的一类焦虑性神经症。这种“焦虑性期待”在各种非同寻常的情况下，都会高强度地表现出来，比如在任何新奇的、意想不到的、无法解释的、细思极恐的情况出现时。这也是仪式的起源，它后来在宗教中得到了广泛的运用。据观察，这些仪式都关乎新事物的开端，每一个新时代的伊始，人类、动物、植物生涯的第一次收获。此时，原始人类会想象一种危险的来临，这些危险中最可怕的莫过于某项冒险事业的开端所带来的危险的感觉。因此，只有在这时他们才会想到自己需要一些保护措施。婚姻中的第一次性交，其深刻含义很适合用其防御措施的实行来解释。

我尝试做出的以上两种解释，即原始人对流血的恐惧和对新生事物的害怕，两者并非互相冲突，恰恰相反，它们是互相强化的。婚姻中的第一次性交如果留下了血迹，那它无疑是件性命攸关的大事。

第三种解释——正如克劳利所相信的，处女禁忌属于一系列观念，它囊括了整个情欲生活的全部。这不仅关乎第一次与女性性交时的禁忌，还关乎普遍意义上的性行为。该观点可以这么解释，即女性整体都可以被视为禁忌。女人的禁忌不仅仅表现在与情欲生活有关的情形中，比如行经、怀孕、分娩和产后，还表现在与女人性交时，男人会受到重重限制。因此我们有诸多理由去怀疑，蛮荒时代的人们并不会表现出性爱自由。诚然，在原始人类的性爱中，有一些特别的场景能让这些限制形同虚设。但是一般而言，相比于文明程度更高的社会，原始社会在这方面的限制似乎更严格。当男人马上要执行某项特殊任务时，比如远征、狩猎、战斗等，他们都应该远离女人，尤其避免和女人性交；否则女性就会削弱他们的力量，导致失败。同样，在日常生活的习俗中，无疑也存在这种性别隔离的倾向，比如男女分开居住。我们习以为常的家庭生活，在原始部族中往往很难出现。有时候，这种隔离已经发展到不能说出异性名字的地步，因此女性发展出了一种特殊的语言。而这种壁垒如果被一再打破，往往是因为性爱需求。但是在很多部落中，即使是夫妻间的婚内性关系，也要离开房子，秘密地进行。

原始男性在何处建立禁忌，就意味着那里有某种威胁令他恐惧。毫无疑问，这些规制与回避背后，都有一个普遍的原则，那就是对女性的畏惧。这种恐惧有可能源于女性和男性的不同之处，源于她永远难以捉摸、永远神秘而陌生本性的，因此她们似乎怀着点敌意。男人害怕自己的力量会被女人吸走，害怕自己受到女子阴柔的传染，害怕自己也变得弱不禁风。性交通常有助于缓解紧张的情绪，让男人浑身绵软无力，但或许这正是上述恐惧的原型。男人意识到女人会通过性关系来影响自己，女人则通过这种手段得以蒙受恩惠。男人更因此认为这种恐惧情有可原。直到今日男人的心中，这一切依然没有消失。

许多考察原始族群的研究者，就一种观点达成了共识，即性本能在原始人类男性中的存在，相比文明社会中的男性要弱。原始人类的男性也从未体验过文明社会的男性感觉到的那种性本能强度。有一些人会对此观点提出反驳。但总而言之，每一项禁忌，都能证明有一股抗拒爱情的力量存在。这种力量通过将女性视为陌生的带有敌意的对象而加以抗拒。

克劳利的主张与精神分析通行的术语相差无几。他认为个体与他人的分隔，是源于“人身隔离禁忌”。确切地说，就是本是同质却存在着细微差别的个体之间，会感受到对方的怪异和敌意。这种情况很容易溯源到一种“微小差别自恋”上。在人际关系中，敌意打败了同伴之情，也打破了“爱所有人”的诫命。精神分析学家指出，阉割情结及其影响左右着男人对女人的估量。这也是男人因自恋而公开蔑视并拒绝女人的主要原因。

然而我们意识到，最后这种观点超出了我们讨论的主题。它无法阐明女性的普遍禁忌与处女第一次性行为时的特殊限制有何关系。因此，出于这种考虑，我们的讨论还是围绕前两种解释，即对血的恐惧和对新生事物的畏惧来展开。即便如此，我们还是没有触及处女禁忌的核心所在。很显然，处女禁忌背后，是想要未来的丈夫丢掉或者免除某件事。这件事原本会伴随第一次性行为而发生。尽管在本文开篇，我们就已经声明，正是这种关系，让女人对一个特定的男人产生了紧密的依恋。

现在，我们无须讨论禁忌律令的起源及其终极意义。我已经在《图腾与禁忌》中讨论过这一点，并且指出原始人类的禁忌中有一种先天的内在矛盾。同时，我认为禁忌的起源，可以追溯到那些史前的状况与事件，他们导致了人类社会家庭的产生。就现在我们能观察到的原始部落而言，该禁忌的早期意义已无法辨明。任何对此燃起的希望，都说明我们忘记了这样的事实。

如今我们发现，原始部族的禁忌已演进为一套复杂的系统，如同我们的神经症来访者在惊恐发作时的表现一样。同时我们也发现，原始动机已经被新的动机替代。这种新的动机就是指与他人和谐相处的动机。让我们先将这类起源问题放在一旁，回到原始人类因为恐惧某种危险，而建立禁忌的问题上。总而言之，原始人类所害怕的危险都是心理层面的，不过这种危险在我们看来很有必要进行区分，或许原始人并不以为意，他们并不会将危险分为生理层面和心理层面，也不会区分真实与想象的危险。原始人的人生观受到万物有灵论的支配，他们认为一切危险都是来自某种仇恨力量的推动，而仇恨的载体也是像他们一样有灵魂的生物。这样的危险对原始人来说，与来自自然界，或者来自其他人类或动物的危险无二。然而，原始人又习惯于将内在敌意投射到外部世界中，这就是说，将敌意投向自己不喜欢，或仅仅是不熟悉的事物身上。如此一来，女性就成了他们眼中危险的来源，与女性的第一次性行为也因此被强调，成了一种极其骇人的危险。

我相信，如果我们能更加缜密地检查今天在同样环境下有教养的女性的行为，那我们总能够厘清，这些女性中到底包含了怎样强烈的危险，她们又何以对未来的丈夫产生威胁。我首先要指出，检查结果表明这种危险的确存在。因此，原始人正是通过处女禁忌，保护自身免于危险，这是一种真实存在的、精神世界的危险，原始人依靠直觉进行正确的预言。

我们认为，女人在达到性高潮的满足之后，将男人紧紧抱在自己的臂弯，紧密拥向自己的怀抱，都是正常的反应。可以将这一行为看作女人对男人表达感激，并且表示自己愿意永远受到奴役。但我们知道，第一次性行为时，女人未必都有这种行为。相反，女人常常只能体验到失望，她们会保持一种冷淡和不满。通常只有经历一段时间、多次性行为后，女人才可能获得满足。女性群体中的情况也不完全相同，有人的性冷淡是暂时的，很快消失了；有人的性冷淡却永久而顽固，无论丈夫付出怎样的柔情和渴望，都无济于事。在我看来，人们对女性的性冷淡还缺乏足够的认识。如果女性的性冷淡并非由于丈夫的性功能不足，那就需要列举其他现象加以阐释了。

在此，我并不想分析女人往往试图规避第一次性行为的情况，因为其解释可能不止一种。即使不是全部，这一现象大多数情况下可被解释为女性的一般性防御。另外，我认为病理学研究确实给解开女性性冷淡之谜提供了一些思路。有的女人在第一次性行为后，甚或每一次性行为之后，都公然表达对丈夫的敌意：谩骂、扬言攻击甚至真的攻击他。我曾对一个典型的此类案例进行过全面分析，一位女子深爱着她的丈夫，经常向他求欢。她也能获得充分快感，但依然会在事后表现出敌意。我认为，这种自相矛盾的奇怪反应，是由于这种普遍存在的感觉只能以性冷淡的形式表达。也就是说，它使柔情的反应受到抑制，无法有效表达出来。这类病理性案例，同我们早前在强迫性神经症中发现的“双相行为”症状一样，这些性冷淡的女人将自己分成了两部分。在此情感之下，性欲也就受到了抑制。女人失贞而引发的危险感觉便是她产生敌意的原因，而未来的丈夫自然有足够的理由避免这种敌意。

分析工作让我们很容易发现，这种自相矛盾的行为是由女性的冲动引起的，我想借此解释性冷淡的问题。

第一次性交激起了女人大量的冲动，它们超出了女性原本占据的范围。此外，更是有一些冲动在后续的性行为中无法唤醒。我们认为，女人在“破处”时所受的疼痛，正是该问题最显著的因素。有人甚至将其看作决定性因素，而不再去寻找其他因素。但我们没有必要过分夸大这一疼痛的重要性。相比之下，我们应该考虑一下器官的破损所带来的自恋性创伤。这种自恋性创伤也是器官损伤的合理表现，即女性会认识到，失贞会使她们的性价值降低。但原始人的婚礼仪式提醒我们，不必夸大失贞的影响。我们已经了解，原始的婚礼仪式往往分为两个阶段:（用手或其他工具）弄破处女膜，以及与丈夫的替代者进行正式性交，或是模拟性交。这表明，禁忌法令的目的，不完全是通过解剖学上对“破处”的规避而实现。还需要男性免除女性对这种痛苦反应之外的事情。

至少对文明社会的女人而言，初次性交之所以令人失望，是因为它未达到女人的预期。直到被准许以前，女性的性行为往往受到严厉的限制。而获得认可与允诺，进行可被理解的性行为则是另外一回事。这一根本的联想，常以惹人发笑的行为表现出来，许多想结婚的女孩对外保密自己的恋情，甚至不让自己的父母知道。这根本没什么必要，也不会出现她们预期的反对。女孩们常常宣称，如果自己的爱情公之于众，就丧失了它的价值。

有时候这种感觉是无与伦比的，能够完全阻止婚姻状态下恋爱能力的发展。女人只有在不正当的秘密关系中，才能恢复这样的柔情蜜意，只有在这样的关系中她才会确切地感知到，自己拥有独立的意志。

不过，这种动机并不会发展得太深入。不仅如此，它还仅仅发生在文明社会，与原始人类的状态并无充分关联。因此，接下来要探讨的最重要的因素，还是建立在力比多的演进上。精神分析的研究已表明，力比多引起的早期依恋是多么普遍而且强烈。女性童年时期的力比多往往固着于父亲，或者代替父亲的兄长身上。女性童年时代的性爱欲望直接指向一些和性行为无关的事物，或者说性行为仅仅是一个被模糊感知的目的。女性的欲望是长久存在的，可以说丈夫永远不过是替代者。只有父亲，才是女性首个性爱对象的不二人选，丈夫充其量只能位居其次。丈夫是否会因为性爱的不快而被排斥，取决于女性欲望固着的强度和韧性。如此一来，性冷淡的发展与神经症有了共同的病源因素。女性在性爱生活中的心理因素越是强烈，就有越多的力比多分布对第一次性行为产生阻抗。面对丈夫对自己身体的占有，女性也就越少感到充溢。从此，性冷淡甚至会因此成为一种稳固的神经抑制，或者会滋生其他的神经症。而男人哪怕是轻微的性功能衰退，都会明显加剧女人的性冷淡。

原始习俗似乎对这种早期的性爱欲望给予了一定尊重，于是让长者、祭司或神职人员代替父亲（见上文所述）去行使破处的职责。而这似乎直接催生了中世纪备受争议的“初夜权”。A.J. 斯托福已经发表过类似的见解，而 C.G. 荣格在斯托福之前就对一种广泛流行的主教特权，即“多俾亚之夜”[1] 进行了解释。这一习俗指的是结婚以后的三天内必须禁欲。和我们的预期一样，在父亲的替代形象中发现了神祇的形象，正是他们，被委以破处的重任。在印度的

[1] 根据《旧约·多俾亚传》：恪守法律的托彼特（Tobit）之子多俾亚与被恶魔困扰的淑女莎拉（Sarah）完婚后，新婚之夜遭遇恶魔袭击，二人便向上帝祈祷。上帝派天使拉斐尔（Raphael）降临驱走魔鬼，二人得以圆房。后在西方演变为结婚以后三天内必须禁欲的习俗。

不少地区，新娘必须将处女膜作为一种祭品，献给木雕的林伽。据圣奥古斯丁所言，这一习俗在罗马人的婚礼仪式上也存在，只不过比较淡化，新娘只需坐在巨大的普里阿普斯（Priapus）的石制阳具上即可。

在更深层的意义上，还存在其他动机影响女人对男人的矛盾反应。在我看来，这些动机也影响着女人的性冷淡现象。除了上面谈到的这些之外，第一次性交还激发了女性的其他冲动，这些冲动与女性的功能和角色是完全相悖的。

通过对许多女性神经症患者的分析，我们获知，她们早期都经历过嫉妒兄长或弟弟男性特征的阶段。这些女性会因为缺少男性器官，而感到自己不够完整，备受亏待（实际上，是因为女性的这一生理结构太小）。我们将这种“阴茎嫉妒”视为阉割情结的一部分。如果所谓“男性气概”包含“成为男性的欲望”，那么，女性的这种态度就可称为“男性钦羡”了，这一说法由阿尔弗雷德·阿德勒首创。

阿德勒认为“男性钦羡”是所有神经症的基础。女孩在小时候会经常直言不讳地表露自己的这种嫉妒，并对自己家中受到优待的兄弟表示敌意，还会与他们作对。她们甚至学兄弟一样站着小便，以证明自己与他们是平等的。在上述例子中，女性在性交后总会无法控制地对丈夫表现出攻击性，但丈夫正是她们的深爱之人。我很确信，女性的这一阶段存在于择偶阶段之前。小女孩的力比多直接指向父亲已经是后来的事，此后她想要的便不再是阴茎，而是一个孩子。

在另一些案例中，如果上述的一系列行为出现了次序上的颠倒，我也并不感到奇怪。阉割情结这一因素只有到了女子择偶受到影响之后才起作用。但是，女孩对男孩的阴茎嫉妒这一阶段总是发展在先，相比于对择偶对象的爱，它与原始的自恋情结关系更近一些。

不久之前，我有幸对一位新婚妇女的梦进行了分析。这个梦解释了女性对其丧失处子之身的反应。它同时清楚地暴露了这个女子的欲望，即阉割掉年轻的丈夫，并把他的阴茎移植到自己身上。我们当然有理由将这个欲望解释为梦者心中所向往行为的延续和重复，然而很不幸，梦中的一些细节却超出了这一解释。自做梦以后，该女子的性格与接下来的行为，都表明这个欲望的意义更加沉重。在阴茎嫉妒的背后，出现了女性对男性愤懑的敌意，这样的敌意自始至终存在于两性关系中，存在于“女性解放”的各种作品与壮志中。费伦茨从古生物学的角度，回溯了女性这一敌意的起源，他认为在两性出现分化的时代，这一敌意就出现了。我并不知道他是否是第一个这么想的人。在费伦茨看来，交媾是产生于两个相似的有机体之间，但后来，其中一方变得更加强盛，并迫使弱势的一方奴役于这段性关系中。至今，这一奴役的痛苦体验依然活跃于女性的本能之中。我认为，只要不过分估计它的价值，这样的假设也没什么害处。

基于上述举例，女性对破处产生矛盾反应的动机，总会在性冷淡的表现中有迹可循。我们可将该规律总结为女人的性爱不够成熟，并且将这一不成熟释放到了第一次与其性交的男人身上。既然如此，处女禁忌也就有了充分的理由。同时，我们也能够理解上述与处女有关的禁令，那正是在嘱咐与女性共同生活的男性要避免来自她的种种危险。在较高水平的文明中，这种危险在女性对丈夫以身相许之前，其重要性已有所降低。当然，这其中存在其他的动机和诱因。因此，女性的贞操就被视为一种男性无法弃置的财富。然而，关于问题婚姻的研究告诉我们，女性对破处的报复动机，即使在文明社会中也未完全消失。许多女性在第一次婚姻中会产生性冷淡，生活也不愉快，然而离异之后却变得充满爱意，令第二个丈夫十分幸福，这着实会令观察者大吃一惊。因此可以说，女人的原始心理反应在第一个性爱对象那里，已然消耗殆尽。

不过在我们文明社会的其他地带，处女禁忌也并未彻底消亡。人们的灵魂中都知道这一点，诗人也不时以此为素材进行创作。安岑格鲁贝尔有一部喜剧，就是说一个单纯的农村青年，拒绝与自己的心上人结婚，因为她是一个“会耗尽第一个丈夫生命的女孩”。青年同意姑娘先嫁作他人妇，直到她成为寡妇，不再产生危险时才娶她。这让我们想起了驯蛇人的做法，为了避免危险，他们会先让毒蛇咬一块布条。

在黑贝尔的悲剧《朱迪斯和荷罗孚尼》（*Judith und Holofernes*）中，处女禁忌及其动机得到了最令人信服的描述。朱迪斯是一位受到禁忌保护的处女，她的首位丈夫在新婚之夜被一种莫名的恐惧吓得瘫软了，从此再也不敢碰她。朱迪斯说道：“我的美丽，仿若癫茄，谁若触碰，非死即癫。”当亚述人的将军带兵占领了朱迪斯的城池时，她便设计用美色引诱之，进而将其毁灭。朱迪斯因此在爱国的面具下掩盖了性爱的动机。这位以孔武和鲁莽著称的将军强暴了她之后，她在盛怒中获得力量，砍掉了他的头，因此成了人民的救星。而我们都知道，砍头象征着阉割。朱迪斯阉割了让她失去贞洁的男人，这与我在上文中提到的新婚妇女梦境类似。显然，黑贝尔有意在这一爱国故事中增添性爱色彩。因为据说朱迪斯回到城池后，仍吹嘘自己未曾被玷污。整个《圣经》文本也对她那令人细思极恐的新婚之夜只字未提。但黑贝尔以诗人本能的敏锐，深挖了这一在《次经》的叙述中被有意地一笔带过的原始主题，并还原了古老的原意。

萨德格尔对黑贝尔进行了绝妙的分析，他认为黑贝尔之所以选择这一素材，是因为自己的双亲情结，而且他在两性的斗争中，总是站在女人的一边，去直观地了解女性灵魂深处隐藏的感受。萨德格尔还援引了黑贝尔改变这一素材的动机。他发现，这些动机不过是诗人徒有其表地对外展示了自己的无意识，在终极层次上却将其隐匿了。《圣经》中的朱迪斯是个寡妇，却在戏剧中保持了童贞。萨德格尔对此做了解释，他举证称这是由于在孩子童年的幻想中，会否认父母间的性交，母亲就此变成了童贞犹在的处女。我并不会反驳这种看法，不过我要补充一点，诗人为女主角合理地增添了童贞，于是他便能通过自己制定的幻象，尖锐地对处女被强暴之事，释放她仇恨的反应。

因此，我们或许能得出一个结论，女性的破处行为不仅作为一个有用的社会化结果，意味着她将永远束缚于一个男性身上；而且还意味着她对该男性的原始敌对反应得到了释放。这种敌对反应可被假定为一种病态，足以让配偶间的性生活受到抑制。这也就是为何第二次婚姻远比第一次美好。这样一来，看似奇怪的处女禁忌，也即原始人出于恐惧而让丈夫避免对新娘破处的行为，在这样的敌对反应中能够得到充分的解释。

这样一来，事情就十分有趣了，精神分析者竟遇到了秉持两种对立态度的女人，她们受到奴役，而又充满敌意。两种态度都能表现出来，而且关系紧密。这样的女人一方面表现得极力疏远丈夫，另一方面又对摆脱丈夫表现得徒劳无果。在她们试图去爱别的男人时，有关第一个丈夫的意象常常成为横亘在她与第二位爱侣之间的障碍，即使她早已不再爱前者。精神分析表明，这样的女人在事实上仍然对第一个丈夫坚贞，处于奴役之中，只不过其中情感已然不再。她们之所以无法全身而退，是因为尚未完成对第一个男人的复仇，但即使在极端个案中，这种复仇的冲动也从未进入她们的意识。

第 四 章

死　亡

对战争与死亡的思考

（1915）

一 战争的幻灭

当我们卷入这场战争的旋涡时，我们仅仅听到了一面之词，我们只是看到了已经出现或者即将袭来的巨大转变，而对未来忽隐忽现的星星之火视而不见。我们无法理解纷繁世界留下的清晰印象，也不知道自己做出的判断有什么价值。我们不得不相信，从没有什么事件对人类的共同财富产生过如此巨大的破坏，让这么多聪明绝顶的智者不知所措，让位高权重的名流一文不值。科学已经丧失了她原本的冷静，她的仆人满心愤懑，从科学中找到武器，一心要用来打败敌人。人类学家也受到驱使，声称战争中的对手都是劣等而堕落的。心理学家则公开诊断，说敌人在心智上有疾病。不过，或许我们是对眼前的邪恶有着过分深刻的体会，无法将它们与其他时代出现的、我们未能体会到的邪恶之事进行比较。

那些并未加入战争的个体，仅仅作为这庞大战争机器中的一枚小零件。他们则感觉自己失去了方向，力量与活动都受到了限制。我认为，他们一定祈盼着获得哪怕很小的一点暗示，起码让他们知道自己究竟出了什么问题。在此，我想在从没有加入战争的个人的内心困境中，找出两个影响最大的因素进行讨论。这两个因素是：这场战争引起的幻想破灭和战争引发的人们对于死亡态度的转变（这一点在其他战争中同样如此）。这些个体眼前的任务，就是与这两个因素进行顽强的抗争。

说到幻想破灭，想必每个人能都明白我的意思。一个人没必要成为一名多愁善感的人，他应该从人类生活的经济状态，来考虑战争势必引发的身心灾难与痛苦，进而从手段和目的的角度谴责战争，并且虔敬地企盼一切战争都能停止。我们已经告诉过自己，只要不同民族的环境有所差别；只要不同国家中个体的人生观、价值观多种多样；只要不同民族间彼此的敌意出于他们脑海中的本能驱力，战争便永远不会停止。我们已经做好了准备，去面对原始人和文明人之间的战争，肤色不同的人种之间的战争，以及欧洲未开化民族之间的战争，或文明已经衰落的民族间的战争。我们可以预料，在相当长的一段时间内，人类社会中还是会充斥着诸如此类的战争。但我们仍旧抱有希望。我们曾期盼着用强权统治人类的白种人最终会衰败。众所周知，是白种人培养了全人类对世界的兴趣，正因为他们优越的创造力，我们才取得了技术上的进步，并将其用于征服自然。同时我们也得到了各种艺术与科学的精神硕果。我们也曾寄希望于这些白种人，能够找到化解误解与冲突的方式。在这些白种人中，习俗对于个体提出了很高的标准。

如果个人想要在社会中受到优待，就要保证自己的言行符合上述标准。这些社会律令往往十分苛刻，需要个人作出巨大牺牲，严于律己，放弃许多出于本能的愉悦。社会尤其禁止个人在同伴的竞争之中，利用谎言和欺骗来获取过多的优势。文明国家将上述得到广泛接受的标准看作自身存在的基础，一旦有邪恶之手触碰上述标准，这个社会就将实行严厉的制裁。任何智者试图批判、检验这些标准，往往都以失败告终。因此我们可以断言，只有国家本身才会尊重这些准则，才不会破坏和触犯其自身赖以生存的根基。这里还存在着一个明显的事实，在这些文明国家中，还残存着某些其他种族。他们在世界范围内分布广泛。但社会却不愿意完全接纳他们，允诺他们参与社会的共同事务，即使这些民族证明了自己足够适合参与其中。但是，一个伟大民族自身，就理所应当具有理解本民族共同利益的能力，并且能够容忍其内部的求同存异。他们不再和古代一样，将“外邦人”和“敌人”看作同义词了。

基于各文明种族之间的联合，无数人离开了原本的故乡，定居到其他地方。这些人的生存依赖于各民族间的友好交往。但是，那些没有因为环境局限而感到压力的人，安于长留在一个地方，他们能够利用这个国家中的一切优势和吸引力，为自己营造一片全新的、更广阔的家园。在那里，他能够不受束缚和猜忌地自由迁徙。这样一来，他便能够享受蓝灰相间的广阔海洋，欣赏白雪皑皑的山峰和苍茫翠绿的草原，感受北国森林的魔幻与南方田园的绚丽。风景名胜激发他想起伟大的历史事件，大自然那纯净的恬淡令他心旷神怡。对他而言，这片新的家园也是一个博物馆，其中充满了数个世纪以来，文明共同体中的艺术家所创造和珍藏的瑰宝。当他漫步于这座博物馆中的一间又一间展厅里，他可以不带偏颇地赞美各个族群结合而产生的完美艺术品，评判其间发生的历史事件，以及处地更加遥远、特征更加鲜明的同胞们，他们脚下的大地母亲所具有的鲜明特征。在此处，他发现灵动而坚毅的力量已然达到了顶峰；在彼处，他发现高雅的艺术将生命美化；还有的地方，他见到了井然的秩序和稳固的立法。简言之，他目之所及的人类品质，让他们无愧于大地主人这一称号。我们决不该忘记，这些文明中的每一个公民都为自己创造了一座“帕纳塞斯山”[1]和一个“雅典学院”[2]。各民族的大思想家和艺术家中，公民们挑选出在享受、理解生命方面，给予自己最多教诲的人，带着深深的崇敬，将他们与不朽的先辈以及自己耳熟能详的祖国人杰们相联系。他并不会因为自己说着另一国的语言，就对这些伟人感到陌生。在他眼中，这些人永远充满热诚，他们是无与伦比的观摩者，醉心于美好事物的拥趸者，激越而犀利的先知，明敏而尖锐的针砭时弊者。因而，他也决不会将自己贬损为一个变节者，决不背叛自己的民族，以及自己深爱的母语。在文明社会中，这样的情谊却不时受到一些警告声音的叨扰，这些声音宣称，由于分歧长期存在，战争便不可避免，即使社会成员之间充满上述的深厚感情也难逃一劫。对此，我们拒绝相信；但是，一旦这样的战争确实发

---

[1] 帕纳塞斯山（Parnassus）：意大利艺术家拉斐尔·桑西（Raffaello Santi）于 1509—1511 年创作的一幅湿壁画，表现了众神汇聚于山巅的情景。帕纳塞斯山原是希腊中部的一座山脉，在希腊神话中是神圣的阿波罗和缪斯女神居住的地方。比喻诗歌、文学和艺术的家园。

[2] 雅典学院（School of Athens）：意大利艺术家拉斐尔·桑西（Raffaello Santi）于 1510—1511 年创作的一幅湿壁画，画中描绘了柏拉图、亚里士多德等众多古希腊哲学家汇聚一堂的情景。比喻哲学和人文主义的家园。

生了，我们又会假设一番怎样的图景呢？我们早就将战争看作人类凝聚力得到阐释的一个契机，这可以追溯到古希腊城邦宣称联盟中的一切城镇都不会被摧毁，橄榄园不会被砍伐，河流也不可能被截断。我们将战争的目的，设想为其中一方在另一方面前建立优势。这场远征会将无关紧要、散播苦难的冲突减到最少，这场远征完全不会伤及必然败下阵来的伤亡者，也无须医生和护士奉献自己，疗愈伤兵。当然，战争也会极尽所能，避免那些非参战个体阶层卷入，比如妇女不可为战事工作，尽力让孩子们长大成人后，通力合作而非相互为敌。另外，战争还会尽力保全那些在和平时期建构起来的国际事业和组织，它们是多种文明的集合体。

但即使是这样的战争，也会引起人们的恐惧，造成人们的痛苦。不过，它却无法阻断那些更加庞大的人类联合体，以及人民及其国家之间道德关联的发展进程。

但我们不愿相信的战争却还是爆发了，随之而来的还有幻灭。由于攻防武器的飞速精进，这场战争不仅变得前所未有的残暴，而且更加具有毁灭性。和平时期对各国极具约束力的《国际法》，在这场战争中成了一纸空文。这场战争忽视了伤员和医护人员应有的优待，对于非军职市民和战争的牺牲品之间不加区分，战争目空一切，盛怒之下践踏面前所有的东西。仿佛在战争的碾压之后，一切前途和人们之间的善意都消失殆尽。它破坏了战争双方人民之间的友谊纽带，战争还会带来一种威胁，表明自己将留下的只有痛苦和灾难，并且让双方在短期内都无法重修于好。不仅如此，这场战争还带来了让人难以置信的现象，它将文明民族之间的相互了解从人们头脑中抹去，令一个民族转而仇恨、诅咒另一个民族。更有甚者，即使是曾经得到历史证明，为文明的共同事业做出过最杰出贡献的文明民族，如今却沦落得臭名昭著，被文明共同体斥为“野蛮人”而受到排挤。我们满怀希望，历史能够做出公正的判决，能够证明正是这样一个民族，他们的母语是我们所用的文字，为了这个民族的胜利，我们的至亲之人才展开争斗，最起码为了它的荣耀，而不去违反文明社会的律法。但是在目前的情形下，谁又有胆量站出来，对自己的民族事业加以评判呢？国家的形式是民族存在的手段，这个国家受到政府的治理。在这场战争中，任何民族中的个体，都将亲身体会和平时期无法体验到的痛苦——国家禁止个体产生不当的行为，这并不意味着国家将一切错误消除消灭，而是因为它想像垄断盐和烟草一样，将人们的行为也垄断起来。战争下的国家自身就连连犯错，向人们施以大量暴行，这些错误与暴行会让个体蒙羞。国家不仅会实行广为接受的战略，还会故意向敌人使诈；而这样一来，这场战争在某种程度上，其手段的使用就超过了先前的战争。国家要求公民对其表达最高程度的服从，付出最大的牺牲；同时，却将他们像孩子一样对待，不让他们知道任何机密，还实行新闻和表达的审查制度，对任何反对这种精神奴役的力量的武装进行严厉检查，这样一来，人们就没有能力去对抗不遂人愿的事件和进行有害的谣传了。这个国家违背了自己与他国之间的誓言与契约，对自己贪恋财富、滥用权力的行径供认不讳，毫无羞耻感，同时，国家还要求个体打着爱国主义的名义，对其无条件地支持。不能否认的是，国家不可能一点错误都不犯，这会让国家陷入不利的境地。一般而言，遵循道德规范，让自己规避残暴和武断的行为会让个体蒙受不小的损失；而国家的行径却证明，其要求个体所做的牺牲，往往并不能给予其补偿。因此我们也不必感到奇怪，联结人类共同体的道德纽带日渐松散，个体的道德也会因此受到影响，因为我们的良知并非永远不偏不倚，能够契合道德导师们的宣扬，所谓良知，其源头除了“对共同体的忌惮”以外，没有其他。如果共同体不带任何斥责，就意味着其不再对任何卑鄙的情感以及人们犯下的残暴、欺骗、背叛和野蛮行径加以压制，这一切都和国家的文明如此不相契合，以至于超出人们的预料。因此，我在上文提及的文明大同世界主义者，如今其面前的世界已然陌生得令其感到无助，这世界包罗万象的财富解体了，世界的共有财产沦为废墟，团结的公民也卷入纷争，道德堕落。不过，在对这位世界主义者的幻灭加以批判之前，我还要提几点。严格来说，这种批判是不合理的，因为幻灭意味着一个不切实际幻想的破灭。我们之所以乐于接受幻想，是因为它避免了我们感情上的折磨，让我们耽于满足之中。因此，如果幻想在现实面前被砸得粉碎，我们决不应该有所怨言。在这场战争中，导致了我们幻灭感产生的事情有二。其一，国家对内摆出道德卫士的姿态，同时又在国际关系中表现得道义沦丧。其二，个体表现出了野蛮的行径，但其作为人类文明最高等形态的参与者，是不该出现此类行径的。让我们先来看第二点，我尽可能言简意赅地概括我想批判的观点。让我们想象一下，个体是通过怎样的进程，达到较高道德水准的呢？第一个答案无疑是“人之初，性本善”，在此便不予赘述。第二个答案倡导我们关注人的发展进程，同时该观点假定，在这一发展过程中，人们身上的邪恶倾向被斩草除根，在教育和文明环境的影响之下，邪恶被美德代替了。在此观点上，如果我们发现一个受到良好教育的人，其身上仍不可避免地出现邪恶特质，那我们会感到些许诧异。在这个答案中，暗含了一个我们意欲反驳的观点。事实上，没有什么事情能够将邪恶“斩草除根”。心理学研究，严格说来是精神分析研究显示，人性中最为本质的事物就是基础的本能，这样的本能在任何人身上都存在着，其存在的目的，是满足人的某些基本需要。这些本能原本是没有善恶之分的。但是，我们会依据人类共同体的需求和欲望，对本能进行分类和表现。

人们承认，一切被社会斥责为邪恶的本能，比如典型的自私和残酷，它们属于典型的原始本能。上述原始本能经历了长期的发展进程后，才得以表现在成年人类身上。它们长期受到抑制，指向其他目标和领域，相互融合，转变对象，最终某种程度上又回归其所有者身上。与某种本能相对抗的反应，替换了其内容，以一种具有欺骗性的形式出现，似乎这样一来，利己主义就变成了利他主义，残忍也变成了怜悯。很多本能从一开始出现，就带着一对一对的矛盾，它们促成了反应的结构，于是出现了一种显著的现象，对诸多不明就里的人而言，这种现象也十分陌生，被称为“矛盾的感觉”。举一个最显而易见，也最好理解的例子，同一个人身上往往会同时出现极具张力的爱和恨。而在精神分析中，一对相互矛盾的感情以同一个人作为客体的情况也十分常见。然而，并非等到这一切“本能的盛衰”全被克服之后，人的性格才能建构起来，而且正如我们所知，仅将性格二分为好坏，也是有失偏颇的。人类很难做到完全的好与彻底的坏，其往往是某个方面好，而另一个方面不那么好；或在某个外部环境中很好，在另一个环境中却很坏。十分有趣的是，幼儿时期强烈的邪恶驱力存在，往往在成年之后成了人们向往美好的现实条件。有的人在孩提时期，曾无疑是利己主义者，长大后却有可能变得十分乐于助人，成为最具自我牺牲精神的集体成员；而大多数多愁善感的人、人道主义的挚友、动物爱好者，在童年时期往往是个小施虐狂，或者以虐待动物为乐。

坏本能的转化由外部和内部两个因素决定。长期影响坏本能的内部因素即性欲，广义上来说，这是自我或者说人类个体对爱的需要。在自我本能中掺进性欲的成分之后，它就会变成一种社会本能。我们通过学习，将被爱看成一种有利条件，且乐意为了被爱而牺牲其他的有利条件。外部因素是被人们的教养所驱使的。这种驱力倡导我们的文化环境所提出的主张，这些主张后来又因为我们面临的文明环境的直接压力，进一步受到了强化。文明是人们放弃了本能满足的后果，它要求每一个新的社会成员都做出同样的牺牲。纵观人的一生，其经历了一个不断将外部的强制因素转变为内部因素的过程。文明在其中的影响不断加强，使自我倾向转变为利他主义与社会化倾向。在这个转变的过程中，性欲这一因素同样参与了进来。在上述说法中，主要表明每一个来自内部的强制因素在初始阶段，也就是人类发展的最初阶段同样也来自外部。到了现在，人们一出生便带有一种素质，这种素质在一定程度上带有某种倾向（性情），即自我本能向社会本能转化的倾向，而这一倾向的激活与效用产生，都是很容易的。这种倾向的进一步转化，则需要个体终其一生来完成。如此一来，人们所受的不仅仅是身边环境带来的即时压力，还会受到来自祖先的文化演进影响。如果我们为人类将对性欲影响的自我冲动进行转变的能力命名为文化适应性，我们便能进一步发现这样的适应性由两部分构成，一部分出于内在，另一部分则由环境获得，两部分之间的关系以及各自占据本能生活的比例，无疑都是不断变化的。广泛而言，我们往往会将内在那部分看得过于重要，与此同时，相比于原始状态的本能，我们还会冒险地高估广泛的文化适应性，也就是说，我们容易将人类的本质想得比实际更好。因为还存在一个模糊我们评判的因素，会让人有失偏颇地感觉事情要比想象的更好。我们往往很难观察到他人的本能冲动。我们仅从他们的动作和行为进行推断，进而追踪其本能生活中的动机。在很多情况下，我们因此得出的结论都可称作谬误。从文明的视角来看，可称为“好”的行动要么处于“高尚的”动机，要么不是。伦理学家对于好行动的归类，仅仅局限于良好动机产生的结果；而对不属于此种情况的行为，就不将其看做好的行为。但是在社会中，许多行为都自有其目标，好与坏的界定往往没那么简单。只要一个人的行为与行动符合文明的期望，就很可能令人满意，而其动机则很少得到考虑。我们已经知道人们身上的外部强制因素受到其教养和环境的影响，且对其本能生活的向好转变产生着影响，即利己主义向利他主义的转变。但是，通常这并不是外部强制因素的惯常或必要后果。教育和环境所带来的裨益不光是以爱的形式，还运用了另外一种激励体系，也就是奖励和惩罚。通过这种方式，奖励和惩罚就能够影响人们，在文明的背景下，有意愿去选择“良好的行为”，即使其根本不存在本能的高尚，在其中，并不会产生自我本能向利他本能转变的倾向。粗略而言，上述转变前后的结果并无二致。只有环境中出现一系列互相关联的事物时，我们才能看到一个人出于自己本能中的强制因素，总是做出正确的行为，而当文明的行为仅仅以某种程度出现在某个特定的时间时，人们的“良好”表现就仅仅是服务于自我本能的目标了。当然，假如我们与该个体只是表面上相熟，那我们就很难辨明上述两种情况，而且我们往往会对人类中产生此种文明意义上的转变人数，进行过于乐观的夸大。所谓文明社会，其只要求良好的行为，而不会纠结其行为背后的驱动力，因此，文明社会赢得了众多人的顺从，这些人却并不遵从自己的本心。社会因为这一要求的成功而受到鼓舞，社会因此将自身的道德标准尽可能拉到最高点，这导致社会成员与自己的本能进一步失调。最终，他们会屈服于本能的不断压迫，由此产生的负担，会在最引人注目的反应现象和补偿结构中自我显露出来。在性爱领域中，此类压迫是最难应对的，其最终导致的反应，往往是神经障碍的产生。在其他领域，文明的压迫并没有导致病理性后果，但是会让人的性格产生畸变，被抑制的本能时刻准备着，一旦有合适的机会，就会冲破障碍，最终获得满足。无论任何人，只要长期以来被迫违背本能倾向地行事，从心理学角度说，在不久之后其行为和力量就能在客观上被称为一个伪善的人，无论他自己是否能清楚地认识到不同行事方式的差别。在当今文明社会，我们不可避免会过分地依赖于这种伪善的产物。

因此，人们能够姑且认为这样的伪善是一个基础，在此基础上，如果人们要依据心理真实生活，就必须屈服于一段意义深远的修正过程。正因如此，社会中的伪善之人才远远多于真的君子。事实上，文明的维系到底是否必须依存于一定程度的伪善，这一点引发了争议。因为当今时代的人已经获得了相当良好的文化适应性，但似乎仍旧很难将维系文明的任务顺利完成。另一方面，即使文明的维系中出现了如此大的争议，仍旧出现了一种前景，即新一代的总能实现本能的深远转变，进而成为较高文明形态的先驱。从上述的观察中，我们或许得到了些许慰藉，我们因为世界上某些同胞在战争中的行径，而表现出屈辱和痛苦的幻灭，这并不合理。这一切的基础，是我们的一种自我放弃的幻想。事实上，我们的文明的同胞们既不会堕落到让我们恐惧的地步，也不会高尚到我们理想中的程度。

人类共同体、人民和国家越是伟大，他们就越是会消除彼此间的道德限制，而这自然让人们将自己从文明的重压下暂时解脱出来，让自己的本能获得侥幸的满足。在这样的满足中，人们或许在各自的国家领土内，就不会打破相关的道德准则了。不过，我们还可以对战争给我们原本同胞带来的变化，进行更深刻的洞见，同时我们也警示自己，别对这些同胞产生任何偏见。因为思维的演进相对于其他发展过程，表现出了一种特殊性。当一座村庄成长为一个小镇，一个孩子长大成人，原先的村庄和孩子也就淹没在了城镇和成人之中。记忆能够独立产生效用，在新的意象之中追寻早期的形象。事实上，旧的素材和结构总是由新生的事物取代的，但思维的演进却并非如此。我们只能将思维的演进描述为一个特例，在思维的发展进程中，早期的阶段衍生出较晚的阶段后，还能与较晚的阶段共同发展。虽然整套体系中所有的阶段都发源于同一个素材，而且在发展的过程中会受到不断地形塑，但继发出现的阶段，会与先前的阶段实现共存。

早期的心理状态，可能在往后多年内都不会显现出来，但是它却一点不少地存在着，随时能够成为脑海中各种力量的表现模式，这种模式是排他的，仿佛后续的一切发展都会被废止和清零。在脑海中发生的这种进化，其非凡的可塑性的范围并非无限。这种进化被称为一种特别的退行能力，一旦更晚形成、更加高级的发展阶段被放弃，就很难再次达到了。但是原始的阶段往往能得到重新建立，从其最为完整的字面意义而言，原始的精神是不朽的。所谓心理疾病，总不免让门外汉产生一种其会对生活和灵魂产生破坏的想法。事实上，这种破坏只针对后续的增长和发展。心理疾病的本质，就是灵感生活和功能回到了早期状态。我们每晚都渴望进入的睡眠状态，就是表现心理生活可塑性的一个极佳案例。自从我们学会解释那些荒谬与混乱的梦境，每当入睡，我们就像脱去衣服一样，脱掉了得来不易的道德，直到第二天早上醒来，才会将它穿上。这样的剥离自然不会受到任何危险的影响，因为睡眠状态时的我们是瘫软的，注定是静止状态的。只有通过梦境，我们才能了解自己的感情生活退行到了某个早期的发展阶段。比如有一点很值得注意，我们的一切梦境都是由纯粹的利己主义动机所支配的。我一位英国朋友在美国的一次科学会议上提出了这一主张，当时，在场的一位女士表示，在奥地利或许如他所说，但她能够为自己与身边的朋友辩称，他们即使在梦里，也是利他主义的。我这位朋友虽然是个英国人，但不得不通过自己对梦境分析的亲身经历，来对这位女士进行反驳，并表明即使是情操高尚的美国女士，在梦中也和奥地利人一样自私自利。

因此，我们的文化适应于本能的转换，该转换也可能因为生活经历而被或永久、或暂时地破坏。毫无疑问，战争的影响就是一种引发这一退行的力量。因此我们毋庸置疑，即使是野蛮的人群，也具有文化上的适应性，我们还可以预期，他们的本能会在和平时期恢复到高尚的状态。

然而，在我们的世界里，我们同胞的另一种表象也同样令人感到震惊。这种表象令我们沮丧的程度，并不亚于它们高尚道德观念的堕落。在此，我是指，即使最一流的知识分子，他们也表现出了狭隘、偏执。他们对最有说服力的观点充耳不闻，而对充满争议的武断言论却不加批判地深信不疑，这无疑是一幅令人痛心的图景。在这一点上我想强调，我并非某个盲目党派的成员，一味偏颇地只看到对方智慧中的缺点。不过，这一现象相比于之前提到的那个，能更容易地解释清楚，也没那么令人不安。研究人性的学者和哲学家早就教导我们，感情生活受到智力的影响，这是不对的。他们教导我们，智力只有摆脱了强烈的情感冲动作用，才能可靠地发挥其效用。否则，它们就仅仅是意志的工具，只能传递意志所需要的推论。因此，在这些学者的观点中，运用逻辑说理去对抗情感旨趣是毫无意义的，这也正是为何福斯塔夫[1]会说“（纵使理由）多得像乌梅子一样”[2]，在与情感的冲突中也很难取胜。精神分析的经验能够进一步印证这一说法。在日常生活中，它表明一旦必要的洞察力受到了情感的阻碍，即使是最精明的人，其行事也会如同白痴，但若这种阻力被克服，这些精明的人又会如往常一样洞察敏锐。因此，这场战争让我们的同胞陷入对逻辑的迷恋，他们许多人都是同行中的佼佼

[1] 约翰·福斯塔夫（John Falstaff）：莎士比亚戏剧中的一个角色。在《亨利四世》《亨利五世》和《温莎的风流娘儿们》中多次出现。

[2] 这里指的是福斯塔夫在《亨利五世》中的一句台词：“即使理由多得像乌梅子一样，我也不愿在人家的强迫之下给他一个理由。”“多得像乌梅子一样”（as plenty as blackberries）是一句俗语，形容多如牛毛，无法计量。

者，这种逻辑的迷恋是后天形成的，是情绪激昂注定产生的后果，我们或许希望这样的迷恋，能够随着激昂的情绪一同消失。

这样一来，我们再次对那些极度疏远的同胞产生了了解。因此便能更容易忍受那些民族、那些人类中十分伟大的共同体为我们带来的幻灭感，因为我们会意识到，对他们的要求和期待应该更温和些。也许这些民族也在重演个体演进的过程，还处于非常原始的阶段。与此相一致，我们发现对个人而言十分有效的、源于外部的强制性教育因素，在这些民族身上几乎是看不见的。诚然，我们曾寄希望于商业与生产能建立起广泛的利益共同体，基于此能够形成强制因素，但各个民族相比于长远的利益，似乎都更容易屈服于眼前的冲动。

长远利益充其量是其激情的一种合理化，为了合理地满足激情，他们才将利益显露出来。民族共同体们为何要相互鄙视、厌恶、拒绝，即使和平时代也是如此，这确实是个谜。我也说不清为何如此。可以这样说，当这个问题出现在某些人乃至数百万人身上时，个体的一切道德追求都被抹去了，只剩下最原始、古老、荒蛮的心理态度。也许只有未来的发展阶段，才能通过某种方式改变这一令人遗憾的状态。但是，无论是个体的人际关系，还是个体与统治者之间的关系，如果每一方都能多一些诚实与正直，也应该有助于为上述改变铺平道路。

二 我们对死亡的态度

这一曾经可爱又可亲的世界，如今使我们彼此产生了疏离感。我认为，产生这一现象的第二个因素，就是我们对死亡的态度发生了变化。迄今为止，我们仍然紧紧保持着这种变化后的态度。

这种态度远不是直截了当的。诚然，我们必须坚守这样一种观点，即死亡是生命的必然归宿，每个人都对大自然有所亏欠，付出代价是意料之中的。简而言之，死亡是自然的，既不能辩驳，也无法避免。但在现实中，我们习惯性的表现并不是这样。我们的倾向很明确，那就是将死亡“搁置”，或者从生命中完全抹去。我们尝试掩盖死亡，我们甚至会这样说：“当我们想到死亡的时候，我们在想些什么。”当然，这是针对我们自己的死亡。

诚然，我们很难想象自己的死亡，每当我们尝试着想象它，就感觉自己正作为一个旁观者存活。因此，精神分析学派敢于这样断言，实际上没人相信自己会死。或者换一种方式说，在无意识中，我们每个人都相信自己是不朽的。

至于他人的死亡，文明社会的人都十分谨慎，在他人面前讳莫如深。只有孩子们会不顾及这些限制，他们毫无顾忌地互相威胁，说对方可能会死去，甚至在他们所爱之人面前谈论此事。举个例子，有的小孩会说：“亲爱的妈妈，如果你死去，我会深感遗憾，但我还是会该做什么就做什么。”文明的成年人如果并非对他人怀揣恶意，甚至不会去想象对方的死亡；除非他从事医生、律师或此类职业，必须要专业地处理死亡的问题。只要他在自由或者地位上从他人那里获得哪怕一丝好处，他就不会允许自己有让对方死去的念头。但我们即使如此敏感，也很难钳住死神的双手，只要这双手开始运作，我们就会受到深刻的影响，仿佛期望破灭，我们也因此被击垮。我们习惯于强调死亡的偶然因素，比如意外、疾病。这种方式表明，我们正努力将死亡的意义从必然性修改成偶然性。我们对死者本身秉持着一种特别的态度，仿佛对一个完成了困难任务的人表示出钦佩。我们会停止对他的批判，宽容他的过失，我们会要求自己对死者隐恶扬善。因此，无论是在悼词中，还是在墓碑上，理所当然只会出现对死者的赞颂与怀念。死者并不需要这些，但基于我们的考虑，这种怀念要比真实更珍贵，而且对大多数人而言，这种怀念要比对生者的敬意更为可贵。

文明人对于死亡的保守态度达到顶峰，是在其完全崩溃时。即当自己所爱的人，如父母、配偶、兄弟姊妹、孩子、亲爱的朋友死去时。此刻，我们的伤痛难以抚平，我们的希望、骄傲和幸福，都和他们一同进入了坟墓，任何事物都无法填补所爱之人在我们心目中的位置。我们此时的行为就仿佛阿斯拉族人（Asra），一旦所爱之人死去，就必须追随而去。[1]

---

[1] 这里指的是海因里希·海涅（Heinrich Heine）创作的诗歌《阿斯拉族》（*Der Asra*，*1851*），诗中说："我的种族就是阿斯拉族，他们一恋爱，就要死亡。"（Und mein Stamm sind jene Asra，Welche sterben wenn sie lieben）据海涅所说，这首诗的灵感源自波斯爱情故事《蕾拉和玛吉奴》（*Layla and Majnun*），诗中暗含波斯风俗。

我们对死亡的态度，也深刻地影响着我们的生活。生命如此赤贫，要是生命本身没有在生存游戏中孤注一掷，那它就失去了所有的趣味。生命因此变得平淡而肤浅，就像美国人的调情，一开始就知道不会出现状况。相比之下，欧洲大陆的恋爱就与之产生了鲜明对比，在欧洲大陆，恋爱双方都会不断地考虑爱情的严重后果。我们的感情牵绊，以及无法承受的悲伤，都让我们不希望自己以及所爱之人遇到危险。我们没勇气考虑很多危险但又必要的事情，比如尝试机械飞行，去遥远的国度旅行，对爆炸性物质进行试验。假使灾难发生，谁能去弥补失去儿子的母亲，失去丈夫的妻子，失去父亲的孩子。这样的灾难如此巨大，我们不敢设想自己将遭遇不幸。因此，我们总是倾向于将死亡排除在计划之外，并因此产生了许多其他放弃和排斥的念头。然而，汉萨同盟[1]的座右铭却与此相反："航海是必不可少的，生命倒不一定！"[2]

上述的一切产生了不可避免的结果，那就是我们应该从虚构的世界中，从大量的文学和戏剧作品中，为赤贫的生活寻找某种补偿。在此，我们还能找到知晓如何死去的人，甚至还能找到知晓如何杀死他人的人。在此，我们才

---

[1] 汉萨同盟（Hanseatic League）：13—17 世纪北欧城市结成的商业、政治同盟，以德意志北部诸城市为主。

[2] 语出古罗马军事家格奈乌斯·庞培（Gnaeus Pompey）。据普鲁塔克（Plutarch，约 46—120）的著作《希腊罗马名人传》（*Lives of the Noble Greeks and Romans*）记载，庞培在航海时，遇到一场大风暴，船长不愿继续航行。于是庞培命令船夫启航，对他们大喊了这句话。

能享受到与死亡有可能和解的条件，也就是说经历了人世间的一切沧桑之后，我们仍然能安然无恙地活着。人生就像一场博弈，一步走错，满盘皆输，但是人生和下棋又有不同，我们既不能重开一盘，也不能悔棋。在虚构文学领域中，我们发现了自己渴望的多元化生活。我们会以特定主人公的身份死去，但实际上我们并未死去，还做好了准备——与下一位主人公再次一同“安全地”死去。

显然，这一场战争势必将对待死亡的保守方式扫除殆尽。人们不再拒绝死亡，我们被迫相信死亡的存在。人们确实是在死去，而且不再是一个一个地死去，而是一大批同时死去，常常一天就有一万人死去。死亡不再是一场意外。我们可以肯定，一颗子弹到底击中哪一个人，似乎仍然是个概率问题；但幸存下来的人随时会被第二颗子弹击中而死。这一切改变了人们对死亡是一场意外事故的印象。这样一来，生命又确实有了趣味，它又重获了全部的意义。

在此，我们要将人分成两个群体，一是在战斗中拼命冒险的人，二是留在家里等待亲人因为伤痛、疾病或感染而离开自己的人。研究参与战争人员的心理变化确实有趣，但我对此知之甚少。我们要关注第二个群体，因为我们自己也属于这一群体。我已经说过，在我看来，现在我们之所以会如此广泛地感觉到自己精力丧失、思维迷惘，本质上是基于这样一种情况，即我们既无法坚守从前对死亡的态度，又没有发现新的观点。

假如我们将心理探索用于另外两种与死亡有关的事，这可能有助于我们形成新的观点。第一件事我们可以归咎于最原始的史前人类，第二件事则至今存在于我们每个人的身上。不过，它隐藏在我们心理生活的最深层次，在意识层面无法被看见。诚然，我们只能通过推理和重构，才能了解史前人类对死亡的态度。不过我坚信，上述无意识过程能够为我们提供相当可信的信息。

原始人类对死亡的态度十分不同，它们并不始终如一，实在是充满矛盾。一方面，他们严肃地对待死亡，承认死亡是生命的终点，并对这样的终结加以利用；而另一方面，他们又否定死亡，将其简化为一种虚无。这样的矛盾之所以出现，是因为他们对他人的死亡、陌生人的死亡、敌人的死亡以及自己的死亡采取了截然不同的态度。原始人类并不抗拒他人的死亡，这仅仅意味着一个惹人厌的生物就此消亡，他们对此并不忌讳。事实上，原始人类的暴力、残忍和恶毒，要比其他动物更胜一筹。他们热爱杀戮，且认为杀戮是理所当然的。据说在某些动物身上存在着一种本能，会抑制自己杀戮和吞噬同一种类的生物。在原始人身上，却没有发现这种本能。

自此，人类从原始阶段开始就充满了杀戮。甚至直到今天，我们的孩子在学校习得的世界史，本质上就是一系列种族屠杀的历史。从史前时代开始，人类社会就普遍存在着隐秘的罪恶，很多宗教将这一点提炼为原罪的信条，这很可能就是原始人产生嗜血罪恶感的后果。我在著作《图腾与禁忌》中，根据威廉·罗伯逊·史密斯、阿特金森和查尔斯·达尔文所给的线索，尝试着推测这一原罪的本质，我认为，即使通过对当代基督教教义的研究，也能帮助我们推测出这一点。如果上帝之子必须通过牺牲自己的生命来救赎人类的罪孽，那么根据律法所规定的依罪惩罚的原则，这种原罪必定是一种杀戮、一场谋杀。没有什么比这样的原罪，更需要人们付出生命以赎罪了。如果原罪是对天父的冒犯，那么人类最初的原罪就是原始部落中的一种弑父行为，而被杀戮的那位最初的父亲，就成了神的化身。

与今天的每个人一样，对原始人而言，自己的死亡也是不可想象的。但是对他人而言，在某种情况中，两种对待死亡的截然相反的态度产生了冲突且争论不休。这种情形的意义十分重大，产生的影响也十分深远。当原始人看到属于自己的人死去时，他的两种对立态度便发生了冲突。这些人包括自己的妻子、孩子、朋友。他对这些人的爱意，肯定与我们对至亲的爱意别无二致。因为爱不可能比杀戮出现得晚。于是，在这一点上，原始人已经将一切所爱之人，变成了他所爱的自我的一部分。但即便如此，从另一角度说，这样的死亡在他眼里也还是具有正当性。毕竟每个所爱之人身上，还是存留着一些引发敌意的、来自陌生人的特质。直至今日，那些支配着我们与所爱对象在情感关系上的矛盾心理法则，无疑在原始时代更为广泛有效。因此，一个人的所爱之人同时也是敌人和陌生人，他们在原始人身上激发出了某种程度上的敌意。

哲学家们曾经宣称，死亡的景象向原始人表现出的奥秘，迫使他开始反思。这也成了原始人一切思考的开始。在此，我认为哲学家们的思考太过哲理，对最初的有效动机想得太少。因此我要对这一说法进行限制和修正：原始人的荣耀建立在敌人被杀戮的尸体上，他们不会绞尽脑汁探寻生死之谜。原始人开始思考的原因，并非智力上的谜团，也不是任何一次死亡的发生，而是一种内心情感冲突的促使。这种情感冲突发生在自己所钟意，又夹杂着恨意的人死去时。这种情感冲突的直接产物，就是心理学。自此，原始人再也不能与死亡保持距离，他在哀悼死者时，已然尝到了死亡的滋味；但原始人还是完全不愿意承认这一点，因为他无法想象自己已经死去的画面。因此，原始人想出了一个折中的办法，他能承认死亡这一事实，甚至可以承认自己会死去，但是他拒绝承认死亡的深远意义。因为原始人没有任何动机去思索，自己敌人的死亡也有这样深远的意义。当他在所爱之人的尸体面前陷入思索时，便创造出了鬼魂。这一创造正是原始人感到满足的负罪与悲伤交织而成的产物，这些新产生的魂魄因此成了邪恶而恐怖的恶魔。对原始人而言，死亡产生的变化就是个体分成了身体与灵魂，首先是解离成几个灵魂，如此一来，原始人的思路便和死亡触发的解离过程一致起来了。而对死者的持续怀念，促使人们得以假定生存还有其他的形式。于是产生了这样一种观念，即死亡只是表象，生命仍在延续。

人在死去之后还以其他形式而存在的概念，一开始不过是以死亡为终点的存在方式的附属品。死亡让生命变得晦涩不清，一片虚空，后来才略微有了价值，但还是可悲地存在着不足。我们或许能回想起阿喀琉斯的灵魂对奥德修斯的回应：

> 我们亚该亚人（Achaeans）自从出现在这片土地，对你的崇拜就不亚于天神。现在你在亡灵的国度里，也是一统天下的君王。那么阿喀琉斯，你为何还因为死亡而悲伤呢？
>
> 听到我这样说，他立马回答我：大名鼎鼎的奥德修斯啊，我祈求你，别把死亡说得那么自然，我宁可活在世间，做别人的奴隶。即使生而一无所有，即使生得毫无尊严，也比在失去肉身的幽灵王国里，当一个孤独的国王要好。

又比如，海涅那浓烈而辛辣的讽刺作品中也呈现了这一点。他让阿喀琉斯这样说道：即使是在内卡河畔的斯塔克特，作为一个最不值一提的小非利士人而活着的人，也比他这个佩琉斯的儿子，死去的英雄，冥界的幽灵的王子——要幸福得多。

只是过了很久以后，各种宗教才提出来世是一种更令人向往，更让人信服的往生状态，是一种真正的归宿。同时把到达死亡而终结的生命，仅仅贬低为一种准备。此后，生命也向前延伸到了过往，想象出前世的存在，无论是灵魂的循环还是转世都有共同的目的，那就是剥夺死亡作为生命终结的意义。从上文中我们概括出的文明社会的习俗可知，人们对死亡的否认实际上早就存在了。

趴在所爱之人的尸身旁，人们不仅产生了灵魂的概念、生命不朽的信念和原生的罪孽，还第一次在心中产生了伦理法则。唤醒人们良知的最早、最重要的一则禁律令应运而生，那就是：你不能杀戮。这条禁律源于人们因所爱之人死去而产生的悲痛，但其背后却隐藏着仇恨欲望的满足。这条禁律后来又逐渐扩大范围，适用于并不为我们所爱的陌生人。最终，乃至于敌人也适用了这条禁律。

上述的扩展最终却在文明社会中不复存在。当这场战争的激烈冲突结束后，每一位胜利的战士都会兴高采烈地回家，带着自己的妻子和孩子，不带任何迟疑，不受任何思绪的干扰。他不会再想起自己曾抬起武器朝向敌人，或者他将敌人砍杀，或者敌人将他射杀。不过有一点值得注意，那些至今仍然存在的原始人（无疑要比我们更接近前文所讨论的原始人），他们至少在受到我们文明的影响之前，在这方面的行为和我们是不一样的。这些野蛮的澳大利亚土著、非洲布希曼人（Bushman）、美洲火地岛人（Tierra del Fuegan），并非冷血无情的杀戮者。当他们从战争中凯旋时，不会踏进自己的村庄，也不会触碰自己的妻儿，他们会先为自己在战争中的杀戮赎罪，而这一过程往往是漫长而艰辛的。当然，我们或许将其看作迷信的产物，但他们确实害怕复仇者的刀下之魂。不过死去敌人的魂魄不是别的，正是这些原始人良知的表现，他们因为血腥的杀戮而深感不安。在这样的迷信背后，潜藏着我们文明人早已丧失的道德敏感。

灵魂中带着虔敬的人，非常珍视远离邪恶和卑鄙的想法。他们很快就会从原始人的表现以及禁止杀戮的迫切性中，找到其观念的支撑点。这些支撑点与我们伦理中激荡的力量有关，因此无疑深深植入了我们的内心。但遗憾的是，上述论断反而进一步证明了与此相反的论点。强烈的禁律所压制的，只能是同样强大的本能冲动。若不是我们灵魂深处产生了欲望，又怎么需要禁止呢？它会自然地被我们排除在外。“你不该杀戮”这条禁律如此强烈，使我们坚信自己的祖先经历了无尽的杀戮，我们的血液里流淌着先辈杀戮的欲望，并且延续至今。人类对于伦理的挣扎是伴随进化而产生的，我们万万不能轻视其力量和重大意义。如今，这种挣扎的伦理被现今生活的人们继承了下来。但遗憾的是，我们继承的方式并不稳定。

现在，让我们将关注点从原始人转移到现代人的心理生活上来。在此，我们要完全依赖精神分析的研究方法，因为只有这种方法才能抵达如此深邃的层面。我们可以自问，无意识中对于死亡的态度如何？答案一定是：我们无意识中对死亡的态度和原始人如出一辙。在这方面和其他方面一样，史前时代人们的许多特质，至今都未改变。因此，我们在无意识中不相信自己会死去，无意识的所作所为证明着自己的不朽。我们所谓的“无意识”（即脑海中的最深层次，由本能冲动构成），对于任何消极和否定都一无所知（也不知道矛盾），因为它根本不知道我们自己的死亡，因为我们对死亡的态度只能是否定的。由此可得出结论，我们的一切本能都没有做好准备相信死亡。甚至可以说，这一点就是英雄主义的秘密所在。人们对于英雄主义的合理解释是：英雄主义体现在判定一个人的生命不可能和某种抽象的一般理想同样宝贵上。但是在我看来，出自本能而冲动的英雄主义常常意识不到上述动机，其精神就像安岑格鲁伯尔笔下那位修路的汉斯一样，藐视一切危险，他说“什么也不能伤害到我”。否则的话，这种动机的形成就只能起到扫除一切犹豫的作用，这种犹豫会延迟与无意识一致的英雄主义反应。此时，我们更为经常的，对死亡的恐惧，已经退居次要地位。这种恐惧往往是负罪感的产物。

另外，我们又的确会承认陌生人和敌人的死亡，同时和原始人一样。对于他们的死亡，我们会毫不犹豫，轻易接受。此时确实有一种差别出现了，在实践中，这样的差别有着决定性的作用。我们的无意识并不会将杀戮付诸行动。

我们只是想到这点，并将其作为自己的欲望。但是和现实相比，藐视上述的心理真实是完全错误的，它足够重要且意义深远。在我们的无意识中，我们无时无刻不想将阻碍、冒犯或伤害我们的人全都铲除。我们常常半开玩笑地带着怒气说:“见他的鬼去吧！”事实上，这句话真正的意思是:“让他去死吧！”这句话在我们的无意识中，表达了一种最为真挚的死亡欲望。事实上，我们在无意识中常常会因为鸡毛蒜皮的事情杀人。这就像古代雅典的《德拉古法》一样，对于犯罪，其中只有死刑一种惩罚。无意识和这部法律有一定的协调性，因为每一次针对全能而专注的自我出现的伤害，其本质都是冒犯君主的罪行。

因此，如果单单根据无意识中的欲望来评判自己，我们与原始人一样，不过是一帮杀人犯。好在这些欲望的力量与原始人所赋予的，还是不能同日而语。否则人类早就在相互诅咒的碰撞中灭亡了。即使是最优秀、最聪明的男人和最可爱、最美丽的女人，都会在这场碰撞中灭亡。

外行人往往不相信精神分析的这一主张。他们利用意识层面的经验来混淆无意识，并对其进行中伤与拒绝。即使无意识向意识层面揭示出了一点点微弱的迹象，也被他们巧妙地忽略了。因此我们应该指出，即使许多本不可能受到精神分析影响的思想家，都很明确地指出，我们的无意识已经做好准备，忽视一切关于杀戮的禁令，而想彻底根除一切阻碍我们前进的人。在众多类似的案例中，我挑选了一个十分著名的例子：

巴尔扎克在《高老头》中，提到了卢梭著作中的某个段落。卢梭在这段话中向读者发问：如果一个身在巴黎的读者，在不离开巴黎，也必然不会被别人发现的情况下，仅凭意志就能杀死一个住在北京的清朝官员，并因此为自己带来巨大的财物，那他会不会用意志去杀人？在此，卢梭暗示读者并不会怜惜这位权贵人物的性命。直到今天，“杀死那个满大人”，已经成为一句隐藏着秘密杀人动机的谚语。[1]

还有大量冷嘲热讽的笑话和传闻逸事都能证明这一点，比如有位丈夫说了这样一句话：“要是我们之中有一人死

---

[1]18—19 世纪的法国人通常把中国的官员称为“满大人”。巴尔扎克在《高老头》中杜撰了这个寓言，卢梭本人著作中并没有这个故事。但是因为巴尔扎克的小说影响力巨大，“杀死那个满大人”（tuer son mandarin）这句话也逐渐成了一句谚语。

去，我就去巴黎生活。”这样一句玩世不恭的话，如果其中没有未言明的内涵，被人们严肃而直白地表达出来，是不可能在道义上站得住脚的。我们知道，笑话里往往包含着难说出口的真相。

对原始人以及无意识中的我们而言，存在着两种截然不同的对待死亡的态度。一种观点承认死亡是生命的湮灭，而另一种观点则否认死亡，认为其对生命的终结毫无意义。两种态度互相冲突，争辩不休。这种情况同样出现在原始时代，出现在人们面对自己的所爱之人的亡故或生命垂危之时。一方面，这些所爱之人被我们的内心占有，是我们个体自我的一部分；而另一方面，他们在某种程度上是陌生人甚至敌人。在绝大多数情况下，我们最柔情、最亲密的情感中都带着敌意的痕迹，这样的敌意可能会激发无意识中的死亡欲望。但是，这种矛盾心理无论是现在还是过去，都并没有在心灵和伦理中表现出来，而神经质患者，却对这种正常的心理有深刻的理解。从事精神分析实践的治疗师，无数次需要面对一种症状，即来访者过度关心亲人的健康，或者在所爱之人去世之后，对自己进行毫无理由的责备。通过对这些个案的研究，精神分析师能够更加强烈地认识到无意识中的死亡欲望，并对其重要性深信不疑。

外行人总是对这样的感觉表示十分惊恐，并且将对此的绝望，作为自己不相信精神分析主张的合理理由。而我认为，这是有失偏颇的。精神分析不会藐视我们任何的爱。在理性上，将爱与恨结合起来对我们而言是陌生的。但大自然正是利用了这样一对悖论，努力让爱永葆警惕和新鲜，保护它抵御背后恨的伤害。或许可以这样说，我们的爱之所以开出最美的花朵，应该归功于我们心中对于敌意的冲动，已经形成了预知反应。

总而言之，我们的无意识一方面根本无法接受自己会死；另一方面，却对陌生人抱有杀心，我们对所爱之人的分裂或矛盾心理，正如最早期的古代人类一样。但是在对待死亡的保守态度上，我们已经远离了这样的原始状态！

战争对于这种二元悖论的影响是显而易见的。它剥夺了我们后来的文明累积，暴露了我们每个人最原始的本性。战争迫使我们再次成为不相信自己会死去的英雄，它将外邦人标识为敌人，希望他们早点死去；战争还劝诫我们，面对所爱之人的死亡也要超脱。但是战争不会被废止，只要国家之间的生存条件有差别，只要人们之间的对抗有张力，那就势必会产生战争。此时出现了疑问：对于战争，我们难道不是必须要屈服与适应吗？我们难道不该坦承，当我们以文明的态度对待死亡时，心理上将再次感到贫瘠？难道我们不该承认，改革迫在眉睫，真理昭然若揭？就让死亡在现实与我们的脑海中，找到属于自己的恰当位置，让我们向迄今一直谨小慎微、努力压制住的对死亡的无意识态度做出一点妥协，或许会更好一些？诚然，我们很难说做到上述一切，就能取得很大成就，这只能说明我们在不少方面都在退步，回到了过去；但是这样做能够让我们更充分地考虑事情的真实状态，让生命对我们来说更容易持续。总而言之，对所有生物而言，忍耐生命就是首要职责。任何让我们认为生命难以持久的幻想，都是毫无价值的。

我还记得一句老话："如果你渴望和平，就得准备好战争。"

趁此机会，我们还能将其如此解释："若你要忍耐生命，就得准备好死去。"

梦境与心灵感应

（1922）

如今，人们正对所谓的神秘现象感兴趣，我发表一篇以此为题的论文，无疑会激起人们非常明确的期待。因此，我必须声明，我无法满足任何此类期待。从我的这篇论文中，你无法学到与任何心灵感应之谜有关的知识。事实上，你甚至没法确认我是否相信所谓“心灵感应”的存在。借此契机，我为自己制定了一项微不足道的任务，即检查心灵感应中的事件（不管其来源如何）与梦的关系，更确切地说，是与释梦理论的关系。你知道，梦境和心灵感应之间的联系往往被人们认为是非常亲密的。在我看来，这两者却几乎没有什么关系，如果由心灵感应引发的梦境确实存在，那就不需要以任何方式来改变我们对梦的观念了。

目前来看，说明两者有所关联的素材还很少。首先，我必须表示遗憾，因为我不能像写《梦的解析》时那样，对我自己的梦境加以利用。毕竟，我从来没有做过有关心灵感应的梦。我并不是说自己从未梦到过某个遥远的地方正发生某种确凿无疑的事情，而这件事到底是发生在梦中那个时刻，还是会在以后的某个时刻发生，这是留给梦者自己决定的事情。

在清醒的生活中，我也经常意识到这种来自遥远事件的预感。但正如我们所说，这一切的暗示、预言和预感都没有“成真”。事实证明，与这些预感相对应的外部现实根本不存在。因此，这些暗示必须被看作纯粹主观的。例如在战争期间，我曾梦见我的一个儿子倒下了，他当时正在前线服役。这件事并没有在梦中得到直接陈述，但基于威廉·斯蒂克尔所阐释的众所周知的死亡象征符号，这一事件被以明确无误的方式表达了出来。(在这里，我们不能因为感到麻烦，就不承认这种文学上的象征手法！）我在梦中看见那个年轻的士兵站在登陆台上，确切说是站在陆地和水域之间。他脸色苍白地看着我。我跟他说话，他却没有回答。梦中的其他迹象也十分明确。他穿的不是军装而是一件滑雪服，这是他在战前几年，发生严重滑雪事故前常穿的。他站在一个像脚凳一样的东西上，胸前挂着一个盒子。从我自己的童年记忆来看，这种情形在我的脑海里，总是与“倒下”的想法有着紧密联系。当我还是一个两岁出头的孩子时，我也曾爬上这样一张脚凳，想从高处的盒子里取些东西，里面可能有好吃的。接着我摔了下来，还把自己弄伤了，我甚至到现在还能看到当时留下的伤疤。在我的梦境中，儿子已经被宣布死亡，然而事实上，他却从战争中毫发未伤地回到了家。

就在不久前，我还做了另一个宣告不幸的梦。我想，这个梦就出现在我决定就这个问题发表一些观点之前。这一次的梦没有太多的伪装，我在梦中看到了我定居英国的两个侄女，她们穿着黑色的衣服，对我说：周四，我们埋葬了她。我知道这句话指的是她们母亲的去世，她现年 87 岁，是我大哥的遗孀。

随之而来的，是一种不舒服的感觉。当然，一个如此高龄的老太太突然去世，并没什么让人惊讶的，但梦境与所发生的巧合恰好重合，这让人非常不愉快。然而很快又从英国来了一封信，驱散了我的恐惧。有些人坚持认为梦是欲望的满足，我会让他们放心。在此我要说一句，我很确定，通过分析，与死亡有关的梦境中不难发现无意识的动机，这与其他梦境是一样的。

请你们不要急于反驳我，说我的论述毫无价值。你们会认为，在此之前，我的体验中并没有什么负面的事情发生，并没有那么“神秘”。我明白这一点，因此并没有引用类似的案例去证明什么，更没有通过任何特定的手段隐秘地产生作用。我的目的只有一个，就是解释为何我能采用的素材如此之少。

对我而言，还有另一个更加重要的事实，即在 27 年的分析师生涯中，我从未在真正意义上，观察到任何一个来访者的心灵感应梦境。在分析治疗过的来访者中，已经有了一群十分神经质，且“高度敏感”的人。他们中有许多人向我提到过，他们曾体验过的一些重大事件，这些事件使他们相信神秘、超自然的影响，这些人常常因为治疗过程中至亲之人的意外或疾病，尤其是父母中某个人的亡故而中断治疗。但是尽管这些治疗持续数月甚至数年，我还是没能找到哪怕一次机会，遇到恰好能称得上是心灵感应梦境的事件，并记录下来。每个人都能随心所欲地解释上述事件。如此一来，这就再一次限制了我能支配的素材。不过你能看到，无论如何解释这些事实，都不会对本文的主旨造成影响。

如果有人问我，为什么不利用已经出版的大量与心灵感应有关的梦境著作作为素材，我认为这没什么可尴尬的。实际上，我作为英、美两国心理研究学会的会员，要找这类素材并不难。在所有这类出版物中，并没有哪一部使用精神分析去研究这种类型的梦境。如果真有人这么做，那肯定会引起我们的注意。不仅如此，你很快就会发现，只要找到一个与心灵感应相关的梦境，对本文而言就足够了。

因此我的素材十分简单，只有来自德国笔友的两封信件。我本人并不认识他们，但他们留下了姓名和地址，所以我没有任何理由怀疑信件的作者有任何误导他人的意图。

一

我先前就和第一个人有过书信往来。他和我的所有读者一样做得很好，给我寄来了诸如日常事务的观察记录等材料。他显然是个受过高等教育的聪明人。这次，我想利用他的素材来“进行文学创作”，他欣然同意了。

他的来信内容如下：

> 我认为，下面这个有趣的梦境可以作为您研究工作的素材。
>
> 我首先要陈述下面的事实。我的女儿远嫁并定居在柏林，她将在今年十二月中旬生下第一个孩子。我打算到时候和我第二任妻子，也就是她的继母一同去柏林。在十一月十六日到十七日那天夜里，我做了一个梦。这个梦境前所未有的生动和清晰，我梦到妻子为我生下了一对双胞胎。

我非常清楚地看到两个孩子身体健康，脸胖乎乎的，并排躺在婴儿床上。我没法确定他们的性别，不过，金色头发的那个明显与我发色相同，又有几分像我的妻子，而另一个孩子的栗棕色头发与妻子很像，但面容又长得像我。我对金红色头发的妻子说："也许你孩子的栗棕色头发以后会变红。"我的妻子给他们喂了奶。在梦中，她还做了一些果酱放进盆里，两个孩子一边在脸盆里爬来爬去，一边舔着盆里的果酱。

我的梦境就这么多了。我从梦中醒来了四五次，问自己是不是生了一对双胞胎。但每次答案都是否定的，那只是一场梦而已。这个梦一直持续到我早上醒来，过了一会，我才清楚地认识到事情是怎样的状况。吃早饭时，我将这个梦境告诉了妻子，她被我逗乐了。她说："艾尔斯（我女儿）肯定不会生双胞胎吧？"我回答："不会的，我和G先生（女儿的丈夫）家里都没有双胞胎。"然而就在十一月十八日上午十点，我收到了女婿前一天下午发来的电报，告知我一对双胞胎的诞生，一个是男孩，一个是女孩。我梦到妻子怀了一对双胞胎，这对双胞胎就这样出生了。分娩的时间要比我和女婿预期的早了四周。

不过，接着又发生了一件事，第二天晚上，我梦见了我第一任死去的妻子，也就是女儿的亲生母亲，她担起了照料48个新生儿的任务。当头

12个孩子被送到家里来的时候，我提出了拒绝。这时候，梦就结束了。

我的亡妻非常喜欢孩子。她常常说希望自己儿孙绕膝，越多越好，如果要让她管理一个幼儿园，那对她来说再好不过了。孩子的喧闹声在她耳中，就像音乐一样美妙。有一次，她从街上带回一大群孩子，在家中别墅的院子里，用巧克力和蛋糕款待他们。我女儿一定是在分娩之后立刻想到了自己的母亲，尤其是经历了早产和龙凤胎降生的惊喜之后。她知道，母亲对于这件事，一定会报以最热情的喜悦和共情。“想想要是此刻妈妈在身边，她会说些什么？”女儿的脑海中一定闪过了这个念头。接着，我就梦到了我的亡妻，我很少梦到她。在头一个梦之后，我也没有提过甚至想到她。

您认为这两种情境下，梦境和现实事件之间的巧合纯属偶然吗？我的女儿很喜欢我，分娩期间一定会想到我，况且我们在她怀孕期间也常常通信，我常常给她一些建议。

我对这封信的答复很容易猜到。我遗憾地发现，这位通信者对精神分析的兴趣，已经完全被对心灵感应的兴趣扼杀了。因此，我避免直接回答他的问题，也指出这个梦境除了与双胞胎的诞生有关之外，还包含了许多其他东西。我让他向我提供一些信息和事件，能让我找到关于梦境意义的线索。

基于此，我收到了他寄来的第二封信，但毋庸置疑，信中没有我想要的内容。

直到今天，我才得以回复您二十日的来信，我很乐意尽我所能，“事无巨细、毫无保留地”说出我的一切联想。很不幸，我要说的实在不多，不过在说的过程中，或许还能多些启发。

不过呢，我和我的妻子当然不再希望再生一个孩子。我们已经很少发生性行为。起码在做梦那段时间，我们是没有怀上孩子的“危险”的。我女儿的预产期大约在十二月中旬，因此那段时间我们自然会经常谈到这件事。我女儿在夏天接受了检查并拍了片子，检查的医生已经确定孩子是个男孩。我的妻子当时还说：“如果最后生的是个女孩，那我会很高兴的。”当时我妻子心想，孩子最好长得像H家，而不是G家（我女婿的姓）。我女儿长相要比我女婿好看，身材也比我女婿好，尽管女婿是一名海军军官。我对遗传问题进行过一番研究，我习惯看小孩长得像谁。对了，还有一件事！我们养了一只小狗，它晚上会和我们坐在一起吃饭并且舔盘子。所有这些素材都出现在了梦里。

我喜欢小孩子，常常说想要再养育一个孩子，想对孩子这个问题投入更多的理解、兴趣与时间，但我并不想和现在的妻子这样做，因为她并不具备足够的素养，去好好养育一个孩子。这个梦让我得到了一份礼物，就是两个我不确定性别的孩子。我即使是躺在床上也能看见他们，我能看出他们，一个更像我自己，另一个更像我的妻子，但又同时兼具对方的一些次要特征。我的妻子有一头赤褐色的头发，其中一个孩子是栗棕色的。我说："看吧，过段时间他的头发也会变红的。"两个孩子沿着一个大盆爬来爬去，我的妻子一直搅拌里面的果酱，（在梦中）他们将果酱舔得到处都是。这个细节的来源很容易解释，毕竟梦境就是一个整体。我认为这个梦境很容易就能解释，若不是恰逢我的外孙和外孙女出人意料地提前到来（早了三个星期），时间几乎刚好就是我的梦境开始发生的时候（我没法准确地说出梦境是何时开始的。我的孙辈们是晚上九点十五分出生的。而我做梦的那晚，是晚上十一点左右上床睡觉的）。我们原本就知道女儿怀的是个男孩，这也增加了解释梦境的难度，尽管我对于孩子确切的性别表示怀疑。这或许可以解释梦境中出现双胞胎的原因。尽管如此，我女儿的双胞胎出人意料地早产，这还是与梦境不谋而合了。对我而言，在收到确切消息之前就知道遥远之地发生的事件已经不是第一次了。这样的例子很多，让我再举出一个。

十月份，我的三个兄弟来拜访我。我们已经有 30 年没有聚在一起了（当然，两两相见倒是经常)，此前的相聚一次是父亲的葬礼，一次是母亲的葬礼。父母的去世都是在我们意料之中的，而我对这两件事都没有“预感”。不过，大约在25年前，我最小的弟弟在九岁时突然因意外去世。当时，邮递员递给我一张明信片，上面写着他去世的消息。在收到明信片的时候，我甚至都没看一眼，就立刻想到：“上面一定写着，你的弟弟死了。”当年，他是唯一留在家里的人，我们四个哥哥当时都已经羽翼丰满，离开了父母的家。在三个兄弟来看我时，他们碰巧谈到了我当年这段经历，似乎是上天的旨意，三位兄弟都宣称，自己身上发生了完全相同的事情。我不能保证每个人的体验完全相同，但不管怎样，每个人都表明在这个相当出人意料的消息传出之前，自己事先就已经完全预感到了死亡的发生，紧接着，与预感相同的死讯才传来。我们传承了母亲的敏感性格，尽管几个人都生得人高马大，不过，我们中没有一个人具有唯灵论（spiritism）或神秘学（occultism）的倾向。相反，我们根本没有人信奉这两种信仰的任一种。我的三个兄弟都接受了大学教育，其中两位是学校校长，一位是勘探员，他们都是学究，而非空想家。关于这个梦境，我所能告诉你的就是这些了。如果你能把它写进任何文章里，这些素材可以任由你处置。

我很担心看完这封信以后，你的想法，会和写信的人一样。你的兴趣点或许也在于，这个梦境是否真的能够被视为双胞胎孩子意外出生的心灵感应征兆，你也不会像对待其他任何梦一样，将这个梦提交给精神分析师。当精神分析和神秘学狭路相逢，情况总会如此。可以说，精神分析容易让我们产生本能偏见而反对它，而神秘学则容易催生强大而神秘的共情。然而，我不会借着自己只是一个精神分析学家，就对神秘学的问题漠不关心——若你说我这样做只是对问题的回避，那也无可非议。

相反我坚持认为，如果我能说服自己和他人，有确凿的证据能证明心灵感应过程确实存在，那我会十分开心，但我仍然认为，关于这个梦境的资料完全不足以证明任何有关心灵感应的说法具有合理性。你会注意到，写信的这位聪明人对他梦境的问题非常感兴趣，他从来没有想过，要告诉我们最后一次见到女儿是什么时候，或者最近从女儿那里得到了什么消息。他在第一封信中写道，孩子们早产了四个星期，但在第二封信中，这一个月就变成了三个星期，在这两封信中，我们甚至很难确定孩子是否真的早产了，或者是否真的像所有的早产一样，家人们对此都没有预料。但是，如果我们要权衡做梦的人有多大可能进行了无意识估计和乐观猜测，我们还必须考虑事件中的各种细节。我甚至认为，即使我成功地得到了上述疑点的答案，也是无济于事的。在获得信息的过程中，新的疑点会不断涌现，只有在两个人面对面时，在我能够唤起他所有相关的记忆时，新的怀疑才能平息下来，这些记忆很可能是他先前认为无关紧要的。诚然，他在第二封信的开头所言很有道理，如果他能和我当面交谈，或许能在交谈中产生启发。

让我们思考另一个类似的案例，在这个案例中，并不存在神秘学的干扰。我们有很多机会，能够将患有神经症的来访者第一次就诊时的记忆以及既往病史的信息，与经过几个月的精神分析工作后收集来的信息进行比较。除了在第一次交流中来访者会有不可避免的信息压缩外，我们能够看到在整个治疗过程中还有多少重要之处被省略或删减了，我们还能看到围绕着来访者的各种事实之间的关系到底发生了怎样的错位——事实上，通过比较我们可以看出，来访者第一次说出的内容中，有多少谬误和不真实存在！如果我在这种情况下拒绝做出任何阐释，无论这个梦境是真的心灵感应的征兆，还是做梦者无意识所取得的一项特别微妙的成就，又或者仅仅只是一个惊人的巧合，如果我在这种情况下拒绝做出任何阐释，你都不能说我过于吹毛求疵了吧。我们必须削弱自己的好奇心，不要过分希望以后有机会对梦者进行详细的谈话检验。但是你不能说上述研究结果令人失望，因为我已经让你做了准备，我开篇就说过，文章中不会出现任何关于心灵感应问题的线索。

如果我们现在转而讨论关于这个梦境的精神分析治疗，我们不得不再次承认，我们并不满意目前的情况。任何做梦者与梦境中显性内容相联系的素材，都不足以让分析成为可能。例如，梦境中呈现了孩子们与父母相似之处的种种细节，探讨了他们头发的颜色，以及日后可能发生的颜色变化，而在对这些衍生细节进行解释时，我们只能获得梦者提供的一条干巴巴的信息，即他一直以来对代际相似和遗传问题很感兴趣。显然，我们都习惯将问题推得越远越好。但在某种程度上，梦境又确实承认了一种精神分析式的解释，而且这是唯一与神秘学没有联系，又以一种非同寻常的方式来支撑心灵感应一说的关键点。

也正是因为这一点，我才要求大家继续关注这个梦境。公允地说，这个梦没有任何资格能被称为“心灵感应”。这个梦本不会告知梦者，其他地方正发生的任何事情，梦中只会出现梦者知道的其他事情。另外，这个梦境与梦醒后第二天电报中说的事情，其实有很大的差异。梦境和实际在一个特别重要的点上发生了分歧，除了时间上的巧合之外，两者之间的一致性仅仅出现在了另一个有趣的要素上。在梦境里，梦者的妻子生了一对双胞胎。而在现实里，是他的女儿在遥远的家中也生下了一对双胞胎。梦者并没有忽略这一差别，却好像不知道如何消除这种差别。因为根据他自己的说法，他并没有任何神秘主义倾向，他的发问相当具有试探性，在双胞胎出生这一点上，梦境和现实事件之间的重合，是否不仅仅是一种巧合？然而，对梦境的精神分析解释，将梦境和事件之间的区别消弭了，赋予了二者相同的内容。如果我们对这个梦境里的素材进行审查，就能明白尽管这个梦十分罕见，但它依然能向我们证明，在这对父女之间存在着一种内在情感纽带，这一条情感纽带十分常见而且自然，我们早已不应该再为此感到羞愧。

这条情感纽带在日常生活中仅仅表现为带着柔情的旨趣，只有在梦中才会走向其真正合乎逻辑的结论。父亲知道女儿十分依恋他，他确信女儿在怀孕期间经常想起他，我认为他在无意识中对女婿怀恨在心，他在一封信中说了好几句贬低女婿的话。在女儿临盆（无论是意料之中，还是通过心灵感应传递的）期间，这种原本被压抑的怀恨活跃了起来："她本该是我的（第二个）妻子。"正是这个欲望将梦境的思想扭曲了，也是梦中的明显内容以及真实事件之间出现差异的原因。用女儿取代梦中的第二任妻子，这是非常合理的。如果我们对梦进行更多联想，无疑能够对上述解释进行验证和深化。

现在我已经找到了想要呈现在你们面前的观点了。我们一直在努力，尽自己所能保持严格的公正性，让对于梦境的两种观念，在未经证实之前，得以等同地摆放在相同的概率和平等的位置上。根据头一种观点的说法，这个梦境是对心灵感应信息的反馈，表示"你女儿刚刚生了一对双胞胎"。根据第二种说法，这个梦背后潜藏着一系列无意识的思想，这些思想或许会这样重现："毫无疑问，我强烈怀疑下个月的今天，就是那远在柏林的孩子出生的日子。如果我的（第一个）妻子还活着，若只有一个孙子，她肯定不会满意的！想要让她高兴，至少得有一对双胞胎。"如果第二种观点正确无误，新的问题也就不会出现了。这仅仅是一个梦，和其他任何梦境别无二致。如上所述，（前意识）梦境中的想法被一个（无意识的）欲望所强化了，也就是说，女儿是梦者第二任妻子的不二人选，如此一来，他就向我们描述了前文信中的显性梦境。

如果你更愿意相信前一种观念的假设，即女儿分娩的信息是通过心灵感应传到了睡眠者这里，那么关于这样的信息与梦境的关系，以及它对梦境造成的影响，就会出现更多的问题。要找到答案其实并不难，且答案也十分清晰。心灵感应的相关信息一直被人们看作梦境素材的一个组成部分，与梦境内外部的其他任何刺激一样（如街道上令人不安的噪音，或睡眠者自己身体中持续存在的机体感觉一样）。上述案例中有一点显而易见，在被压抑而蛰伏的欲望帮助下，信息被重塑为欲望并且实现的方式很明显；但不幸的是，它可能与同时活跃起来的其他素材混合在一起，这才促成了梦想的实现，而这一点就不那么容易证明了。因此，即使我们有理由认识到心灵感应信息的存在，它也不会改变梦境的结构，心灵感应与梦的本质没有任何关系。为了避免让人们误解，认为我试图在一个抽象而动听的词后面，刻意隐藏一个模糊的概念，我愿意再次重申：梦的本质在于"梦境作品"形成的特殊过程，在这个过程中，无意识的想法（即前一天事情的残留物），通过无意识欲望被加工成显性的梦境内容。心灵感应问题与梦境的联系，和焦虑问题并无差别。

我当然希望你同意这一点，但一定有人提出异议，即使我说得有理，还存在其他心灵感应的梦，在这些梦中，现实和梦境之间毫无区别，在这些梦中，只有对真实事件毫不掩饰的复制，其他什么也没有。但根据我的亲身经历，我对这样的梦境一无所知，只是常常听人说起。如果现在假定有这样一个毫不掩饰和纯粹的心灵感应梦境放在我们面前，那么就会出现另一个问题。我们应该把心灵感应的经历确定为梦境吗？如果你坚信当下备受欢迎的做法，那你肯定会这样确定，在这样的用法中，睡眠期间精神生活中发生的一切，都可被称为梦境。这样一来，你或许能说“我在梦中辗转反侧”，即使是说“我在梦中流泪”或“我在梦中感到忧虑”时，也并不会意识到有什么异常的地方。但请注意，在上述这些情况下，你将“梦境”“睡眠”和“睡眠状态”等词交替使用，它们之间似乎没有什么区别。但我认为，将“梦境”和“睡眠状态”更明显地区别开，更有利于遵循科学的准确性。我们为何有必要向读者呈现一对容易混淆的范畴？它们原本通过将梦境与潜伏其中的思想混为一谈，而发现了梦境具有的新功能。那么，在此假设我们直接被带进一个纯粹的心灵感应梦境，我们称其为睡眠状态下的心灵感应体验是一个没有受到压缩、扭曲和戏剧化处理的梦，最重要的是，其中没有欲望的实现，那它就很难称得上是一个名副其实的梦。此时你可能会提醒我，如果是这样的话，睡眠中还有其他精神产品，它们也很难有资格被称为梦境。众所周知，在此情况下，白天的实际经历只是在睡眠中重复出现，直到近年梦境中重现的创伤场景才让我们修改了关于梦的理论。有些所谓梦境，在某些特殊性质上区别于一般的梦，确切地说，这些梦只不过是夜间出现的幻象，它们没有经过任何的修饰或改变，在所有其他方面，也与通常而言的白日梦类似。当然，将这些幻象排除在梦境的领域之外，的确很令人尴尬。毕竟，它们仍然都源于我们的内在，是我们精神生活的产物，而纯粹的“心灵感应梦境”，其概念就在于它是人们对外部事物的一种感知，在此过程中，人的头脑持续处于被动、接受性的地位。

二

我打算在此提出的第二个案例，这个案例与前文属于完全不同的类型。这并非一个直接与心灵感应有关的梦境，而是一个人反复出现的梦境，并且从童年起，她就有多次心灵感应的经历。我在这里复制了她的来信，信中包含了许多不同寻常的地方，我们无法对此进行判断。这个梦境中的某些部分，与心灵感应和梦境的关系有关。

> 1. 我的医生N先生建议我向您讲述一个困扰了我大约30乃至32年的梦境。我听从了他的建议，也许这个梦会引起您在科学方面的某些兴趣。在您看来，这个梦境可以追溯到童年早期的性经历，所以我要讲述一些童年的回忆，也就是那些至今仍给我留下深刻印象的经历。这些经历的特点十分鲜明，甚至决定了我的宗教信仰。
>
> 我很希望您能在回信中告知我，您是如何解释这个梦的，它是否永不可能从我的生活中被驱赶出去，因为它像幽灵一样萦绕在我的心头，而且伴随这个梦境而来的状况也造成了不快和痛苦，做这个梦时，我总会从床上摔下来，这给自己造成了不小的伤害。
>
> 2. 我今年37岁，身体十分强壮，并且健康。但在童年时除了麻疹和猩红热，我还患过肾炎。

我五岁时，眼睛染上了非常严重的炎症，导致看东西有重影。我眼中的两重图像互相倾斜，图像边缘模糊，眼疾留下的伤疤也影响了看东西的清晰度。在医学专家看来，他们对我的眼睛无能为力，我的眼睛也没有改善的机会了。我的左半边脸有点歪斜，这是因为我为了看得更清楚而常需要眯起左眼。凭借不断的练习和坚定的决心，我学会了做最好的针线活，当我还是一个6岁的孩子时，我还克服了斜视的习惯，我不断地对着镜子练习，这样一来，从表面上看我就没有视力缺陷的迹象了。

我在早年间总是很孤独，与其他孩子孤立开来，而且我还常产生幻觉（我有超人的洞察力和听觉能力）。我无法将这些幻象与现实区分开来，因此常常处于尴尬的境地，我因此成了一个非常内向和害羞的人。当我还是个很小的孩子的时候，我的智慧已经远远超过了我所学到的内容，所以我根本不理解同龄的孩子。我在一个有12个孩子的家中排行老大。

从6岁到10岁，我一直在教区学校上学，16岁到了在B城的乌尔苏林修女高中上学。我10岁的时候，在一个月里的8节法语课上，学到的法语就和其他孩子两年学的一样多了。在学习中，我只需要复述一遍内容就学会了，仿佛我已经学过只是忘了而已。我自小没有学习法语的必要，这与学习英语并不一样，我从来没有学过法语，学习过程却顺风顺水。我学习拉丁语也和法语一样，我从来没有正经地学习过，我只是在教会中接触过拉丁语，但我却感到这门语言相当熟悉。假使我今天开始读一本法语书，我会就此开始用法语思考，却从不会用英语思考书上的内容，尽管我显然对英语掌握得更好。而我的父母都是农民，家中几代人都只会说德语和波兰语。

关于幻象：有时候现实事件消失一段时间过后，我就会看到很多非同寻常的东西。比如我常在自己的房间里看到一对老夫妇和一个孩子，而房子里的装潢也不同于平常。还有一次在疗养院，一位朋友在凌晨4点左右来到我的房间，我当时醒着，开着灯坐在桌子旁看书，因为我饱受失眠之苦。从此，她的幻象总是在这样的情景下出现，这让我困扰了一段时间。

1914年，我的兄弟在服兵役。我没有和我的父母一起住在B城，而是去了C城。8月22日早上10点，我听到我兄弟在喊："妈妈！妈妈！"10分钟后这声音又出现了，可我什么也没看到。8月24日我回到老家，看到母亲非常难过，在我们的问答之间，她说自己在8月22日看到了儿子。早上她在花园里，听到孩子在喊："妈妈！妈妈！"我试图安慰她，对自己的经历只字未提。3个星期后，我兄弟寄来了一张卡片，卡片写于8月22日上午9—10点之间，在那之后不久，他就去世了。

1921年9月27日我在疗养院时，得到了类似的信息。与我同住一个房间的病人的床上，出现了两三下的猛烈的敲打声。当时我们都醒着，我问她是不是在敲打，她却说什么也没听到。8周后，我听说我的一位朋友在9月26—27日晚上去世了。

现在，有些事被人们认为是幻觉，这是见仁见智的事。我有个朋友嫁给了一位鳏夫，他有五个孩子，我是通过朋友介绍才认识她丈夫的。我几乎每次去看她时，都会看到一位女士从家里进进出出。我自然地认为这是她丈夫的第一任妻子。我借了个方便的机会要了一张他先妻的肖像，但没法从照片中辨认出她就是我看到的那个幻象。7年后，我从他们其中一个孩子那里，又看到了这位女士的一张照片，我认出了幻象分明就是他的先妻。只不过第一张照片上的她接受了食疗，因此看上去没那么病恹恹的。以上就是众多例子中的几个。

关于梦境：我看到一片被水包围的狭长陆地。水面上波涛翻滚，陆地上矗立着一棵棕榈树，向水面的方向弯曲。一个女人将胳膊缠在树干上，也在向水面压低，一个男人正试图从水中游到岸边。最后女人躺在地上，用左手紧紧抓住棕榈树，把右手尽量伸向水中的男人，但还是没有够到他。

这时候我从床上摔了下来，接着就醒来了。我大约在十五六岁的时候，就意识到这个女人就是我自己，从那时起，我不仅体会到了女人对这个男人的所有恐惧，还多次作为第三人站在旁边，作壁上观。这个梦境多次出现在不同的情形下。当我 18—20 岁开始对男人产生兴趣时，我试着去看清那个男人的脸，但这完全是徒劳的。水中的泡沫起伏，除了他的脖子和后脑勺，什么都看不到。我曾结过两次婚，但对方无论长相还是身材，都不是梦中这个人的。有一次当我躺在疗养院的时候，在镇静药物的作用下，我看到了那个人的脸，如今这个梦境再出现时，我就能看到这张脸了。那张脸属于照看我的医生，他作为医生让我很满意，但除此之外，我们之间什么关系也没有。

关于记忆：在我 6 到 8 个月大时，我坐在婴儿车里。我身边挨着两匹马，其中一匹是栗子色的，它很严肃地看着我，眼神似乎意味深长。这种体验十分生动，我甚至预感那就是一个人。

关于“一周岁”：父亲和我在城镇公园里玩，公园管理员把一只小鸟放到了我手里。它和我四目相对，我感觉“那就是一个和我一样活生生的人”。

关于“被屠杀的动物”：我每次听到猪被屠宰时的惨叫，总会哭喊求救：“你们这是在杀人！”（那时我 4 岁）我小时候从来不吃猪肉，觉得猪肉很恶心，直到战争时期我才开始吃猪肉，不过那也是不得已而为之，现在我又戒掉了。

关于“5 岁”：我母亲正在分娩，我听到她的哭喊声。我产生了一种感觉，“有一个人，或一种动物处于最强烈的痛苦之中”，如同我对杀猪事件的感觉一样。

我小时候对性问题漠不关心，10 岁时我还不知道触犯贞洁的概念。我 12 岁时月经来潮。生孩子以后，26 岁的我作为女人才第一次觉醒，自孩子 6 个月大起，我性交后一直会发生剧烈的呕吐。在我心情压抑的时候，这种情况也会发生。

我有非常敏锐的观察力，以及同样敏锐的听觉和嗅觉。我可以用绷带蒙住双眼，从人群中通过气味辨认出认识的人。

我并不认为自己超凡的视觉和听觉能力属于病态，反而是将其归于比常人更敏锐的洞察力和更敏捷的思维。但我只对我的牧师和医生说过这件事，对医生的坦白也是非常不情愿的，因为我担心他会将我引以为豪的素质看作次要的品质，而且由于小时候常被误解，我性格也非常内向和害羞。

这位来信者要求我们解读的梦境，实则并不难理解。这是一个关于从水中拯救他人的梦境，是一个典型的出生梦。众所周知，象征主义的语言并不看重文法，它是语言不定式的极端表现，哪怕是主动和被动语态，也由一个相同的意象来表示。如果梦到一个女人把一个男人从水里拉出来，可能意味着她想成为男人的母亲（就像法老的女儿对待摩西那样，将他当作自己的儿子），相应的，她或许也希望男人将自己当成一位母亲，为他生一个儿子，一个如同自己复制品一般的儿子。女人所抓住的树干，很显然是阳具的象征，即使树干并非笔直地立着，而是向水面倾斜，这在梦境中的用词是"弯曲的"。海浪的起起落落让人想起另一位梦者的一个类似梦境，她将海浪与阵痛相提并论。当我得知这位梦者还没有生过孩子时，便问她是如何知道分娩具有这一特点的，她说，把分娩想象成一种剧烈绞痛，这在生理上对任何人而言，都是一种无可指摘的描述。她还对这种想象出来的描述进行了如此联想："大海的浪涛，激情的浪潮。"我实在不知道来信的梦者是如何如此年纪轻轻，就对象征的细节如此了解，关于伸进水中的狭长陆地，以及棕榈树，我自然不知道作何解答。然而，我们不能忽视一点，当人们坚称自己多年来一直被同一个梦所困扰时，事实往往证明，整个过程中这一系列的梦境内容并非完全相同。每次梦境中只有核心内容能得到重现，其他细节会产生改变或被添加。

在这个显然充满了焦虑的梦结束后，梦者会摔下床，这同样也是分娩的表征。如果对恐高症进行分析调查，其对被扔出窗外的恐惧象征，无疑能让所有人得出同样的结论。

那么，梦者希望与之生下孩子的男人到底是谁，或者说，那个让她想做母亲的意象到底是谁呢？她常试着看清那个人的脸，但在梦里从未做到，这个人始终保持着神秘。我们从无数的分析中，深知这层面纱意味着什么，这种以类比为基础的结论，也能在梦者的另一种说法中得到证实：她在药物的作用下，曾经辨认出梦中男人的面容属于给她治病的医院医生，而那个医生在她的意识中，对她的情感生活并没有其他的意义。因此，那张脸从未透露过自己的身份，但在移情理论中，这样的情况已有定论，在人生初期，这一形象始终是父亲。费伦茨（Ferenczi）指出，这些“毋庸置疑的梦境”对于证实分析猜想而言的，是很有价值的信息来源，他的这一观点显然无可辩驳。梦者是家中12个孩子的老大，当她发现自己的母亲代替她，从父亲那里得到了自己梦寐以求的孩子时，她一定不断体验着嫉妒和失望的痛苦！

这位梦者认为，她童年的最初记忆对于解释她早期出现并不断重复的梦境是有价值的，这一点没错。在信中的第一个场景中，当一岁的她坐在婴儿车里时，看到两匹马向她靠近，其中一匹用意味深长的眼光看着她。她将这段经历描述得十分生动，当时的她感觉那匹马就像一个人。要理解这样的感觉，我们只能将这两匹马像往常一样，假设它们代表着夫妻，即父亲和母亲。可以说，这是婴儿图腾崇拜的一个念头。如果可以，我们应该问问这位写信者，是否能够通过颜色分辨出那匹栗色的马就是她的父亲。第二段回忆与第一个同样，通过一个“可以理解的”凝视而联系在一起。“把小鸟拿在手中”让我想起了其梦境中的一个特征，在梦里，与女人的手接触的，正是另一个阳具符号。在此顺便说一句，精神分析家有时也带着自己的偏见。

我们将接下来两个记忆场景放在一起，对于解读者而言，这更加容易了。梦者的母亲在分娩期间的哭喊，直接让女儿想起了猪被杀时的尖叫，并且让她产生了类似的怜悯之情。不过，我们也可以推测，这是针对母亲的死亡欲望而呈现出的暴力反应。有了材料中对父亲的柔情，对其生殖器的触碰，以及对母亲的死亡欲望，女性俄狄浦斯情结的轮廓也就被勾勒出来了。对性问题的无知持续了很长时间，以及后来对此的冷漠，都证实了这些假设。毫无疑问，实际上这封信的作者曾有一段时间陷入了歇斯底里神经症。为了自己的幸福，这股生生不息的力量将她整合起来，唤醒了她作为一个女人的感受，为她带来了做母亲的快乐和工作的能力；但她的性欲有一部分仍然停留在童年的固着上，她仍然会在做梦之后从床上摔下来，这是因为她对乱伦对象的“不适当选择”让她受到了惩罚。

如今，一位陌生医生在信中给出的解释，必然会对来信者产生影响，这些影响关乎她成人后所有出现障碍的重要之事。或许，一段长时间的有规律的分析工作，能够取得一些进展。目前我只能在心中向她解释，我相信是她与父亲之间的强烈情感纽带，以及她对母亲产生的相应认同，令她陷入了后面的问题中，但我并不认为这样的解释能够完全帮助到她。神经症的自愈往往会留下隐秘的伤痕，而这些伤痕不时让人隐隐作痛。如果通过精神分析被治愈，我们固然会为自己的治疗艺术而自豪，但即便如此，我们也不能确保万无一失，无法防止在这个过程中留下痛苦的伤痕。

这短短的一系列回忆，势必能够在更长一段时间里吸引我们的注意力。我曾经说过，童年的这些场景，正是人们在往后余生中挑选并整合在一起的“荧幕记忆”，因此其受到篡改也并不奇怪。对这些记忆的细化，其目的往往很容易猜到。在来信的个案中，我们能发现在回忆的整个阶段写信人都在美化或安抚自己。“我从小就是一个特别宽宏大量、富有同情心的孩子。我很小就知道，动物和我们一样有灵魂，因此无法忍受虐待动物。我远离肉体的罪恶，因此将贞操保持到很大年纪。”基于这样的陈述，我们根据分析经验势必对她的童年做出推断，即她有大量的性早熟情感，而她对母亲及弟弟妹妹的强烈仇恨，被她坚定地驳斥了。（那只小鸟除了被赋予生殖器的意义外，也可能像所有的小动物一样，只具有儿童象征意义；同时，她的记忆也非常坚定地强调，这只小动物和她自己一样，拥有生存的权利）事实上，这短短一系列的回忆给出了一个非常好的范例，这个范例说明了一种带有双重面貌的心理结构。从表面上看其具有抽象概念的表达，而这些标题往往带有伦理参照。在赫伯特·希尔贝雷[1]的命名法中，上述结构的内容具有类比性。更进一步的研究表明，这一系列现象属于被压抑的生命本能区域，其中呈现了精神分析的内容。众所周知，希尔贝雷是最早告诫我们不要忽视人类灵魂高尚那面的人之一，他认为，（几乎）所有的梦境都容纳了这

[1] 赫伯特·希尔贝雷（Herbert Silberer）：维也纳精神分析师。

样的双重解释，除了原始的精神分析解释，还有一种更纯粹、更有类比意义的解释。然而不幸的是，事实并非如此，相反，上述内容具有更进一步的解释的可能性很小。据我所知，到目前为止还没有任何公开发表的案例，能够证明这一双重解读的梦境分析具有价值。

不过，在我们对来访者的分析治疗过程中，发现了一系列联想，我们常可以从中观察到一些类似的内容。这些个案中，一系列的想法由两类联想联结在一起，一方面具有连续性的想法明显而连贯地产生关系，另一方面一系列的想法下还有一个潜在的主旨存在，这个主旨十分隐秘，而它在一系列想法中，全都扮演着同一个角色。对同一系列思想进行操控的两个主旨间的抗衡，并不总是出现在高尚的类比和普遍的精神分析结果之间，还有可能出现在令人震惊的内透，以及体面或中性的想法之间，这样事实就很容易解释，上述具有双重标准的连锁反应到底是如何产生的。在我们现在分析的个案中，类比和精神分析的解释二者之间存在如此强烈的对比，势必并非偶然。两者都与同样的素材有关，后者的倾向与另一种反应形态相同，这一反应形态被我们用于对抗否定的本能力量。

在此，我们为什么要如此特意地寻找精神分析的解释，而不是满足于上述更容易理解的那一种呢？要探索这个问题的答案，需要将其他与神经症本身不可避免的需求联系起来，这些需求总结如下：美德不会用人们向往生活中的欢乐和力量来奖励一个人，虽然它从最初出现，就带来了诸多美好的事物（这位梦者也没有因为她的美德而得到什么丰厚的回报），在本书的读者面前，我们无须将这些事物一一赘述。

不过到目前为止，我们完全忽略了这一个案中的心灵感应问题，心灵感应是我们的另一个兴趣所在，现在是时候加以关注了。从某种意义上说，我们在这个个案中的任务，要比 G 先生信中的情况更容易完成，因为一个人在那么轻的年纪就轻易地屈服于现实，并代之以自己的幻想世界，她不可避免地将心灵感应体验和幻觉与神经症联系了起来，幻想的世界就是她神经症的衍生品。当然，在此我们不应该自欺欺人，无端地坚称自己的论点足够有说服力。我们只需要用最起码能够被人理解的可能性，来替代未知且不可理解的东西即可。

1914 年 8 月 22 日上午 10 点，这位来信者体验到了一种心灵感应，当时她的弟弟正在服役，她却听见他在呼唤："妈妈！妈妈！"只听其声而不见其人，不久之后呼喊又重复了一遍，她依然什么也没看到。两天后，她见到了母亲，母亲看上去很难过，因为母亲也听见儿子反复向她喊："妈妈！妈妈！"彼时，她立即回想起自己不久前经历的同一段心灵感应信息，而几周后，那名年轻士兵的死讯传来，死亡时间恰好与她们出现幻听的时刻几乎吻合。

事实到底如何，我们无法证明与证伪。母亲告诉她，自己收到了儿子传来的这个心灵感应信息，于是那天，女儿的脑海里立刻浮现出这一个信念：在同一时间，她也有过同样的经历。这种谵妄记忆是以一股强迫的力量在头脑中产生的，其来源确实是真实事件，然而在这力量的驱使下，心理真实已然取代了客观现实。谵妄记忆的力量在于，它是一种不错的方式，可用于表达姐妹认同母亲的倾向。她认为自己和母亲一样担心那孩子，她认为自己才是他的母亲，她听到了孩子向母亲的哭喊，收到了心灵感应的信息。这位姐姐对我们这样的解释，自然会坚定地不予考虑，并坚持认为自己的经历是真实的。她无法阻止自己这样做，只要她自己头脑中的无意识将现实基础向她隐藏起来，她就会受到强迫，因而她坚信自己的病态逻辑就是现实。所有这类谵妄力量及其无懈可击的品质，都因为其源头存在于无意识的心理事实之中。顺便一提，我们在这里无须解释来信人母亲的经历，也不必调查其真实性。然而，死去的弟弟不仅是来信者想象中的孩子，他还代表了一个甚至在他出生时就遭到姐姐憎恨的对手。到目前为止，心灵感应的预感大多与死亡或死亡可能性有关：当接受分析的来访者不断地告诉我们，他们的悲观预感的频率如此之高且如此准确时，我们可以同样严正地向他们申明，他们已经在无意识中培养了非常强烈的死亡欲望，这一欲望对抗着他们最亲密的家人，也就长期以来都受到了压制。我在1909 年讲述过的一位来访者就是一个很好的例子，他甚至被自己的亲属称为“不祥之鸟”。但是，在这个善良而聪明绝顶的人开始在治疗方面取得进展后，他本身也给了我相当大的帮助，帮助我清楚自己心理上的骗术，他最终在战争中丧生。同样，在我们收到的第一封信中，写信人和他的三个兄弟，是如何收到最小弟弟去世的消息的，这似乎根本无须做何解释，因为哥哥们在内心深处，早就预料到了他的死亡。哥哥们都抱着同样的信念，相信那个最小的孩子从出生以来就是多余的。

根据精神分析知识的提醒，另一位梦者的“幻象”可能会更容易理解。很显然，女性朋友在她的情感生活中具有相当重要的意义。 位女友死亡的消息，是在出事后不久，通过夜间敲打疗养院室友的床向来信人传达的。另一位朋友在多年前，嫁给了一个有几（五）个孩子的鳏夫。

在来信人拜访他们家的时候，她经常看到一位女士的幻影，她感觉自己没理由不认为这个幻影就是朋友丈夫死去的第一任妻子。一开始，她还没那么确定，直到 7 年后发现了另一张这位亡妻的照片，她才下了确定无疑的判断。这种超自然视觉的成就，与她对弟弟死亡的预感一样，其内在依据都是来信者的家庭情结。通过对那位朋友的认同，她可以亲自实现自己的欲望。对于千万家庭的每一个大女儿来说，她们在无意识中要成为父亲的第二任妻子的幻想，只能通过母亲的死亡而形成。如果母亲患病或去世，大女儿就理所当然地取代了母亲与弟弟妹妹的关系，甚至可以直接从父亲那里接管妻子的部分职能。而另一部分职能，则由无意识的欲望填满了。

我想说的大概就是这些。不过我可以补充一点，在此讨论的心灵感应信息或事件的案例，显然与俄狄浦斯情结范畴内的情感有关。这似乎让人难以置信，但我并不打算将其作为一个伟大的发现公之于众。我更愿意回到一开始考虑的梦境，通过对其的研究而得出结论。心灵感应与梦境的本质没有任何关系，它不能通过任何方式，对我们通过分析已经理解的梦赋予更深入的意义。另一方面，精神分析可能会促进对心灵感应的研究，因为在其解释的帮助下，心灵感应现象中许多令人费解的特征，都能够变得更容易理解；而其中仍然存疑的现象，将会首次被明确地赋予心灵感应的性质。

心灵感应和梦境之间显而易见的密切联系中，仍然有一个因素不受这些考虑的任何影响，那就是睡眠。它为心灵感应创造了有利的条件，这一事实毋庸置疑。诚然，睡眠对于心灵感应过程的完成并非不可或缺，无论心灵感应源于信息，还是某种无意识的活动。如果你还没有充分意识到这一点，你可以从我们第二位来信者给出的例子中知道，她弟弟是在早上 9 点到 10 点之间传来的死讯。然而我们必须补充一点，我们也没有权利因为事件和预感（或信息）在天文学时间上不完全一致，就否认心灵感应。我们完全可以想象，心灵感应信息或许与真实事件同时到来，但只有在第二天晚上的睡眠中，才得以进入意识中（甚至在清醒的生活中同样如此，事件发生一段时间之后，其信息才在大脑活动停顿的某个区间进入意识）。众所周知，梦境本身并不一定要等到睡眠时才产生。通常情况下，所谓潜伏的梦，也就是思想整天都时刻准备着，直到晚上它们找到了睡眠这一触点，无意识欲望因此得以将思想塑造成梦境。但是，如果心灵感应现象只是无意识的一种活动，那么我们就没有疑问需要解决了。我们会认为无意识精神生活的法则，理所当然地适用于心灵感应事件。

这样一来，你是否会认为，我在暗地里倾向于支持神秘意义上的心灵感应事件？若你这样想，那我很遗憾。抹除这样的印象实属不易，然而事实上，我迫切地想要抹去这一印象。我完全有理由这样做，因为我对心灵感应一无所知，根本没什么可谈的。

一例17世纪附魔神经症个案

（1923）

儿童神经症的经验表明，他们的肉眼可以清楚地看到许多东西，而如果我们想发现成人的多种经验，要经过十分艰苦的研究才能办到。我们当然可以料想，几个世纪前十分典型的神经症表现与这种儿童神经症具有一致性。不过我们得先做好准备，辨识出那些与今日的神经症称呼不同的症状特征。在当下这个一切并不从心理学出发的时代，如果我们想弄清楚神经症是怎样以一种抑郁症的外观出现，并伪装成一种器质性疾病，我们就会发现，旧时代的神经症总是伪装成魔鬼的形态。对此，我们也就无须惊讶了。众所周知，许多学者，尤其是让·马丹·沙可，已经意识到早期的艺术作品中，保留了许多魔鬼附身和陷入狂喜的描述，并认为这种状态是癔症的表现。如果当时的人们就对这种个案的病症史给予更多的关注，很容易就会发现，这些症状与今天的神经症有相同的内容。

尽管中世纪这个所谓的“精确”的科学时代倡导一种肉体的意识形态，但从长远看来，这些黑暗时代的鬼神理论还是证明了自身存在的合理性。附魔的案例与今天的神经症相对应，为了理解这类神经症，我们还需求助于精神力量这一概念。过去的恶灵就是我们今天充满卑鄙和邪恶的欲望，就是冲动被拒绝和压抑后的衍生物。不过，就附魔现象在中世纪的流行这一问题上，我们无法苟同某种解释。我们不再从对外部世界的投射上去思考附魔现象，而是将这一现象的起源，归因于出现这些症状的人的内在生活。

1. 画家克里斯托夫·海茨曼的故事

首先，我非常感谢维也纳帝国图书馆前馆长 R. 佩耶·图恩博士兼议员对这一问题的热衷，这让我有机会研究一例发生在 17 世纪的附魔神经症。这位先生在帝国图书馆里，发现了一份来自玛丽亚采尔的手稿。玛丽亚采尔是当时非常著名的朝圣地。这份手稿详细描述了一个人如何经由圣母玛利亚的介入，以一种奇妙的方式赎回了与魔鬼的契约。这个故事与浮士德传说的相似之处激起了佩耶·图恩的兴趣，他因此对材料进行了全面的搜集。佩耶·图恩博士发现，手稿中主人公的救赎被描述成看见异象和痉挛抽搐。他于是向我寻求对这一症状的医学意见。最后我们达成共识，各自独立地发表自己的调查结果。我想借此机会感谢他的这一提议，以及他在这份手稿的研究过程中给我的各种帮助。

对这段附魔神经症史的研究表明了一个真正有价值的发现。这一发现无须太多工作去解释，就能被揭露出来。如同偶然间开采出的纯金属矿脉一样，而在另一种情况下，却需要在艰苦的冶炼之后，才能提取出矿石。

我拿到了这份手稿的完整复本，它由两个完全不同的部分组成。一部分是手稿导言，由教士或编纂者用拉丁文写成。另一部分则是病人的日记片段，用德文写成。导言包含序言，以及对奇迹异象的实际描述。日记部分则无法引起神职人员的兴趣，但对我们而言就更有价值了。这在很大程度上证实了我们对这一个案的某些试探性观点。我们有充分理由感谢神职人员们保存了这份文档，尽管在他们看来，日记部分几乎没有任何价值；而事实上，我认为这部分意义重大。

在对这本名为《圣母堂的胜利纪念》(*Trophaeum Mariano Cellense*)的手稿进行概述之前，我要先讲一讲从序言中摘录的一部分内容。

> 1677 年 9 月 5 日，一位巴伐利亚本地画家克里斯托夫·海茨曼，带着不远处一位牧师的介绍信来到了玛丽亚采尔。海茨曼在波滕布伦住了几个月，在此从事绘画工作。8 月 29 日，当海茨曼在教堂里时，他出现了可怕的抽搐症状。接下来的几天里，这种抽搐反复发生。于是，波滕布伦的行政长官提审了海茨曼，询问他出现这种症状的原因，并怀疑他是否一时冲动，与魔鬼有着什么见不得人的勾当。对此，海茨曼坦言道，9 年前，自己十分落魄。在此状态下，因为对艺术事业的热爱以及谋生的艰辛，他已经 9 次屈服于恶魔的诱惑，并签下一份为期 9 年的契约，将自己的身体出卖给了魔鬼。直到这个月的 24 日，这份契约就已经到期了。可怜的海茨曼为他的交易感到懊悔，并确信只有玛丽亚采尔的圣母恩典才能拯救他，才能迫使那个恶魔交出这份用鲜血写成的契约。基于这些理由，海茨曼这样一个穷困潦

倒的悲惨之人，就将自己委托给玛丽亚采尔的神父，以寻求他们善意的帮助。

以上，就是波滕布伦的牧师利奥波德·布劳恩记录于1677年9月1日的手稿内容。

现在，我们对这份手稿进行分析。它由三部分组成：

（1）彩色的扉页，上面描绘了在玛丽亚采尔神殿中签署契约以及接受救赎的场景。之后是八幅彩色图画，描绘了魔鬼后来的出场。每幅图画都附有一个简短的德语说明。这些插图并非原作，它们是克里斯托夫·海茨曼画作的复制品。但我郑重保证，这些复本与原作一模一样。

（2）《圣母堂的胜利纪念》正文。这实际上是一位牧师编纂的，用拉丁文写成。这位牧师在文章底部写下了“P.A.E.”的签名，并且增添了四行文字，用以介绍自己的生平。在全文末尾，有一段圣兰伯特修道院院长基利恩的证词。这份证词用另一种笔迹写成，落款是1729年9月12日。这份证词证明了手稿和插图与档案中保存的原件完全一致。但《圣母堂的胜利纪念》具体写于何时，并没有提及。我们因此可以冒昧地假设这本书的完成，与基利恩院长写下证词的时间一样，是在1729年。由于1714年是这份手稿提到的最后一个日期，我们也可以将这部作品的编纂年份确定为1714年和1729年之间的某一年。就这样，一个发生在1677年的奇迹异象，在36年或者52年后，由于这份手稿的存在而没有被遗忘。

（3）画家用德文写成的日记。记载了从他在神殿中被救回，到次年（1678年1月13日）发生的事情。这段日记位于全部手稿的末尾处。

《圣母堂的胜利纪念》(以下简称《胜利》)的正文由两部分组成，第一部分是前文提到的波滕布伦牧师利奥波德·布劳恩的介绍信，落款日期为1677年9月1日；第二部分是玛丽亚采尔修道院院长弗朗西斯科和圣兰伯特修道院院长基利恩对这一奇迹事件的描述，落款日期为1677年9月12日，也就是事件刚发生的几天之后。那位署名“P.A.E.”的编纂者在手稿前写了一篇序言。序言内容概述了后面两个文本的内容，并在两个文本之间加入了一些无关紧要的段落用于衔接。序言最后还根据1714年对画家询问的结果，记述了发生这件事之后画家的经历。画家此前的经历在《胜利》一文中出现了三次:(1)波滕布伦牧师的介绍信中;(2)弗朗西斯科修道院院长的官方证词中;(3)编者序言中。

将这三处记述进行比较，就能发现一些矛盾。这些矛盾之处也是我们后续需要跟进的重要问题。现在，我可以继续述说海茨曼的故事了。在玛丽亚采尔进行了长时间的赎罪和祈祷后，魔鬼于9月8日午夜，也就是圣母生日那天，以一只飞龙的形态出现在圣殿里，把用鲜血写成的契约还给了画家。但令我们惊讶的是，我们在后文中发现，有关克里斯托夫·海茨曼过去情况的记述中提到了两份与魔鬼的契约，一份是墨书，另一份是血书。在卷首页上描绘的驱魔场景中，出现的是血书，即第二份契约。

在这一点上，我们不禁要对这些神职人员记录的可靠性产生怀疑。这促使我们这样想，不要把精力浪费在这些教士的迷信产物上。在《胜利》中我们看到，几个神职人员都被提到了名字，并且参与了驱魔。甚至在魔鬼出现的时候，这些神职人员还出现在了礼拜堂里。假设文中记载这些神职人员也目睹了飞龙把这份用血书写成的契约交给了画家，那我们或许就要面临几种令人不安的可能性。其中最令人不安的就是在场人员出现了集体幻觉。好在修道院院长弗朗西斯科的证词驱散了这种疑虑。全文没有任何地方提到在场的神职人员看到了魔鬼；相反，他们都相当坦诚且清醒地记录道，画家从帮助他的神父怀抱中挣脱出来，冲到了教堂的角落。他在那里看到了幽灵，然后手绑着绷带回来了。

这真是个惊人的奇迹。圣母毋庸置疑战胜了魔鬼。但不幸的是，治愈的疗效并没有那么长久。有赖于神职人员们的坦白，他们没有隐瞒这一点。短暂的休息过后，海茨曼健康地离开了玛丽亚采尔，前往维也纳，他和一个已出嫁的妹妹一起住在那里。当年 10 月，这位画家就经历了癫痫发作，有几次还非常严重，这本日记的报告至次年 1 月 13 日就终止了。这些症状以幻觉和意识丧失的方式出现。在此期间，画家目睹和经历了各种各样的事情；他的身体会出现抽搐并伴有极其痛苦的感觉；还有一次出现了下肢瘫痪，诸如此类。不过，这次扰乱他的并非魔鬼，而是来自神职人员、基督以及圣母本人不受欢迎的照顾。

值得注意的一点是，这些天上的圣灵所降的惩罚，在他的忏悔中强加的痛苦，并不比从前与魔鬼的交易带来的少。我们从日记中发现，海茨曼把这些新出现的人物也视为魔鬼的幻影，当他于 1678 年 5 月回到玛丽亚采尔时，我们看到他还因为“邪恶神祇的显现”而深感悲痛。

海茨曼向神父们解释说，他回到玛丽亚采尔依然是为了从魔鬼处收回一份更早的、用黑墨水写成的契约。这一次，圣母和虔诚的神父们又一次帮助他实现了祈祷的事宜。然而，手稿并没有透露这次事件的经过。上面只是简短地写着：履行誓言后归还契约。在海茨曼又一次祈祷后，那份契约也归还给了他。此后他终于感到解脱，被送往教会医院。

我们必须再次承认，尽管手稿的倾向已非常明显，但编者并没有违背该个案的症状在临床病史上的真实性。1714 年，教会医院院长接受询问，有关画家后遗症的信息也在书中如实呈现。普罗维夏里斯教父的报告称，教友克里索斯图斯再一次受到恶魔的引诱，这个恶魔希望与他签署一个新的契约。但事实上，这一切的发生只是因为“他喝的酒比平时多了一点”，基于上帝的恩典，画家总是有能够击退这些恶魔的手段。1700 年，在莫尔道的诺伊斯塔特修道会的修道院里，“精神稳定、生活安逸”的克里索斯图斯教友死于一场发烧。

2.“魔鬼契约”的动机

当我们把海茨曼与魔鬼的契约当作神经症病史加以考察时，我们的兴趣首先在于动机问题，这一切自然与签下契约令人激动的原因密切相关。为什么这个人要将自己出卖给魔鬼呢？浮士德十分轻蔑地问魔鬼：你这可悲的魔鬼，你有什么可以给我的呢？可浮士德错了。魔鬼用来向那不朽的灵魂交换的是很多人极为珍视的东西：财富、面对危险的免疫力、对人类和自然力量的控制，还有最重要的，即享受美丽女性带来的愉悦。而且，在与魔鬼的契约中，通常会特别提及这些条款或责任。那么，克里斯托夫·海茨曼签订契约的原因是什么呢？

意外的是，海茨曼的动机不在上述那些人之常情的欲望之列内。要解答这个疑问，我们只需阅读艺术家给幻象插图配的简短文字即可。例如，附在第三个幻象插图旁的文字如下：

> 在这一年半时间里，他4次以这令人讨厌的模样出现在我面前了，他手里拿着一本书，里面无外乎就是些巫术和黑魔法。

然而，我们从后来关于幻象的传言中了解到，魔鬼愤怒地责备画家“烧毁了他的那本书”，并威胁他如果不把书带回来，就要把画家撕成碎片。

在第四幅幻象插图中，魔鬼向画家展示了一个黄色的大钱袋和一大堆金币，许诺他想要多少就给他多少。而画家则虚张声势地说：“可我决不会接受这些东西。”

在另一幅幻象插图中，魔鬼要海茨曼多一点愉悦和享乐，关于这一点，画家评论道：

> 在他的一再要求下，我确实照办了，但不出三天，我便重新回到了之前的状态。

如此，既然画家拒绝了魔力、金钱和快乐，更不用说把它们作为与魔鬼签订契约的筹码了。那么我就更迫切地想知道，画家在签订契约时，到底对魔鬼有何所求。一定是出于某种动机，才诱使海茨曼进行了这样的交易。

在这一点上，《胜利》也为我们提供了可靠的信息。在手稿的记述中，海茨曼陷入了抑郁，没办法也没意愿好好创作，他为自己的生计感到焦虑。也就是说，海茨曼是一个因为抑郁而失去工作能力的人，对自己的未来感到（情有可原的）焦虑。很明显，我们面对的个案处于一种病态中，而且，文中也告诉了我们这种疾病发作的原因。画家本人在他的插图所附的注解中，明确将该症状描述为一种抑郁症（表示自己应该寻求消遣、驱散抑郁）。在画家信息的三个来源中，第一个是牧师的介绍信，其中很确定地只谈到了抑郁（当画家看到自己的症状收效甚微时，他的心里就有些打鼓了。）但第二个来源即弗朗西斯科院长的报告，则指出了这种沮丧或抑郁的原因在于"父亲之死（给艺术家）带来了某种胆怯"，而编者序言中的理由也与第二者相同。也就是说，画家的父亲去世了，他因此陷入了抑郁的状态，于是魔鬼出现在他面前，询问他沮丧和悲伤的原因，并承诺"要通过各种手段向他提供帮助"。

因此，这位画家将自己出卖给了魔鬼，以期从抑郁状态中解脱。在那些对此种痛苦感同身受的人，以及那些认为医学技术对减轻疾病的作用微不足道的人看来，这确实是一个极好的动机。不过，我想到目前为止，读者们看到这里，或许还猜不到契约上的内容，或者更确切地说，是两份契约的内容（因为契约两份，一份是用黑墨水写的，另一份是大约一年后用血写的，它们想必都还在玛丽亚采尔的档案馆里，都被誊写在了《胜利》文本中）。

这两条交易内容都让我们十分惊讶。

首先，这两份契约中，画家用永恒的幸福作为交换，但并没有要求魔鬼履行什么义务，契约内容只是要画家必须遵守魔鬼提出的条件。海茨曼用自己的灵魂去交换，却不是为了从魔鬼那儿索取东西，而是为了让自己在魔鬼那儿履行义务，这让我们觉得完全荒谬且不合逻辑。画家与魔鬼实际达成的协议，听起来更是出人意料。

第一份契约用黑色墨水写成：

> 我，克里斯托夫·海茨曼，签署此契约以立誓，在往后 9 年之内，做这魔鬼之躯的儿子。1669 年

第二份契约用鲜血写成，内容如下：

> 克里斯托夫·海茨曼签署此契约，发誓自公元 1669 年起，我将自己出卖给魔鬼，做这魔鬼之躯的儿子，接下来 9 年，我的肉体和灵魂都属于他。

不过，在我们读到第二份契约时，我们就不再惊讶了。因为这分明就是魔鬼要求画家为他提供的一种服务，而非魔鬼对画家的某种义务。这份令人难以理解的契约，也变得含义明确。它可以解读如下：魔鬼在 9 年内成为孩子的父亲，以弥补画家因失去父亲而受到的影响。

9 年时间结束时，按照这类交易的习惯，画家的肉体和灵魂，就会彻底属于魔鬼。这样一来，对海茨曼来说，这一契约之所以达成的动机似乎就在于：我父亲的去世令我很沮丧，使我不能再工作了；如果我能找到一个父亲的替身，我所丧失的一切就都能回来了。

一个因为父亲去世而陷入抑郁的人，注定深爱着自己的父亲。于是他就开始好奇，有没有可能让魔鬼来替代他深爱的父亲？

3. 魔鬼替代父亲

如果我们通过颠倒魔鬼契约的意义，就把这件事说清楚了。我敢肯定，头脑清醒的批评家们不会承认这一点，他们的反对意见可能会基于以下两点。

第一，他们可能会认为，没有必要将“契约”视为规定双方义务的合同。契约可能只包含画家一方的义务，文本中根本没提到魔鬼的义务，魔鬼的义务只能被认为是“寓于其中”。不过，两个契约都是画家对自己的约束，其一是让他承诺在 9 年的时间里成为魔鬼的儿子，其二是画家承诺，死后完全将自己交给魔鬼。如果真的是这样，我们的结论所依据的前提之一就无法成立。

第二类反对意见在于，我们无法说明强调“魔鬼之躯的儿子”这一说法是合情合理的。这在当时不过是很流行的一句话。我们可以按照神父们的理解，很好地解释这句话。神父们并没有将契约中的亲属关系翻译成拉丁文，仅仅提到画家将自己“出卖”给了恶魔，向恶魔屈服。同时自己也过上了失德的生活，否定了上帝与圣父、圣子和圣灵的三位一体。我们为何要对这个明显且自然的解释置之不理呢？因此，这份契约就表明：签订契约的人是在无助且饱受抑郁折磨的状态下，走投无路，才把自己卖给了魔鬼。而这个人最信任的就是魔鬼的治愈能力。这样一来，画家的抑郁到底是由父亲的去世引起的，还是由别的原因引起的，就无关紧要了。第二个反对意见，似乎既有力又合理。我们又一次听到了对精神分析熟悉的批判，那就是，精神分析总以一种过分微妙和复杂的方式去看待最简单的事情，对本不存在的秘密和问题苦心钻营，还通过将最微不足道的琐事过分放大，以支持这些离题万里、光怪陆离的结论。如果要使我们的反对者赞同，他们在对我们的反驳中，忽略了许多显而易见的类比，还强行斩断了许多微妙的联系，那么，我们的努力也将是徒劳的。我们的反对者只会这样回应，这些类比和联系都是凭空捏造的，这一切都是我们自己引入的，都是我们自作聪明的虚构产物。

现在，我不会用“老实说”或“坦诚而言”来作为我回答的开场白，因为这是人人都能信手拈来的套话。让我言简意赅地回答，我非常清楚，如果有一位读者不相信精神分析的思维方式具有合理性，他肯定也不会在阅读17世纪画家克里斯托夫·海茨曼的个案之后，就相信画家用魔鬼来代替父亲。当然，我也不打算通过这一个案，证明精神分析的探索是有效的。相反，我只是假设这些探索是可靠的，然后用它们来解释这位画家的附魔神经症。我这样做的理由在于，我们对神经症本质的研究是很成功的。坦率而言，我们可以冒昧地说，即使是我们的同行和同侪中比较迟钝的人也能够意识到，没有精神分析的帮助，人们就无法理解神经症的症状。

正如索福克勒斯的悲剧《菲洛克忒忒斯》中，奥德修斯所坦言的那样：只有靠着那些弓箭，才能夺下特洛伊。

假使我们将画家与魔鬼的契约视为因神经症而出现的幻觉，没有错，那我们就能问心无愧地从精神分析的角度来解释这些现象了。即使是再琐碎的暗示，也自有其意味和深意，尤其是在我们探讨神经症的致病原因时更是如此。当然，我们既不应该过高估计这些琐碎之事，同样也不该低估它们——人们应该在多大程度上依赖它们，这仍然是一个需要加以判断的问题。但是，如果一个人不相信精神分析，甚至不相信魔鬼的存在，他就必须尽自己所能对画家的情况做出解释，他可能通过某种自己的方式进行解释，也可能在个案中根本看不到任何值得解释的东西。

因此，我们要回到先前的假设，即画家出卖自己，将魔鬼当作父亲的直接替代。能和这一假设契合的，是恶魔第一次露面时的样子：他是一位老年绅士，留着飘逸的棕色胡须，穿着红色斗篷，戴着一顶黑色帽子，右手拄着一根手杖，身边有一只黑色猎犬。他后来的样子就变得很可怕了，几乎可以说是带着神话色彩：他身上装点着恶魔角、鹰爪和蝙蝠的翅膀。最终，他还以一条飞龙的形象出现在神殿里。我们在后文还会回来，对魔鬼身体形貌的特定细节进行探讨。

选择魔鬼来代替心爱的父亲，这听起来确实很奇怪。但只有第一次听到这件事时，我们才会惊讶，其中有许多事实可以用来缓解这些惊讶。首先，我们都知道上帝正是天父，更准确地说，上帝就是一位崇高的父亲，再或者，上帝就是我们童年时代所遇见的那位父亲的复本，每个人都能在自己的童年中遇到他，正如在史前时代的原始部落中，人们对父亲的印象一样。后来，人们虽然不再如此崇拜父亲，但孩童心中的父亲形象依然留了下来，并同世代流传下来的对原始父亲的记忆一起，构成了上帝的观念。通过对个人的内在生活进行分析，我们也能知道，在人类诞生之初，或起码出现不久之后，人们对这位父亲的态度就很有可能是矛盾的。也就是说，这一矛盾由两种性质完全相反的情感冲动组成，除了深爱和顺从，还有敌意和挑衅。我们认为，正是这种矛盾心态支配着人类与神灵的关系。人们在这场悬而未决的矛盾中，一方面有着对父亲的向往，另一方面是对他的恐惧和反抗，这也解释了宗教的某些重要特征，以及最具划时代意义的宗教变迁。众所周知，恶魔被看作上帝的对立面，但其本质却与上帝有点相似。恶魔的历史并不像上帝那样被人们深入研究，并非所有的宗教都设置了魔鬼作为上帝的敌人。因此，魔鬼在个人生活中的原型依旧模糊不清。不过，有一点可以肯定：当新的神灵取代旧的神灵时，旧有的神灵就可能变成魔鬼。当一个民族征服另一个民族时，被征服民族所信奉的神灵，常常成为胜利者信仰中的恶灵。基督教信仰中的恶灵，中世纪的魔鬼，在基督教神话中，本身就是具有神性的堕落天使。人们无须具备十分精准的分析能力，便能推断出上帝和魔鬼最初是一体的，只是后来分化成了两个相处的对立体。在史前时代的宗教，所有这些可怕的特征在后来都以自身对应物的形态融合在一起，最终赋予了上帝的敌人。

这里有一个我们非常熟悉的案例过程，通过这个过程，一个存在矛盾的观点，被分化成了一对截然相反的范畴，最终形成了鲜明的对比。我们认为，一开始，各种关于上帝本质的观点中蕴藏着一个对立的范畴，不过是个人对其父亲关系中矛盾心理的反映。

如果仁慈和正义的上帝是父亲的替代，那么，他那魔鬼的一面能够催生人们的仇恨、恐惧和指责的敌意态度，也就不足为奇了。因此，父亲是上帝和魔鬼一体的原型。事实上，原始父亲的形象极其可能作恶，相比于上帝，也许与魔鬼更相似。这一事实必定在所有宗教中都留下了不可磨灭的印记。

诚然，要在个体的心理生活中证明父亲带有魔鬼的痕迹，绝非易事。如果一个男孩喜欢画漫画和怪诞形象，或许可以证明这是对他父亲的嘲讽。无论男孩还是女孩在夜里都会对强盗和窃贼感到恐惧，这些恐怖的源头正是父亲形象的衍生品，这也不难识别；孩子们所患的动物恐惧症中的动物，通常也是父亲的替身，如同原始时代中图腾上的动物一样。不过，将魔鬼作为父亲的形象，并充当他的替身，这一点在我们这位罹患神经症的 17 世纪画家身上，表现得再明显不过了。基于这一点，我在这篇文章的开头就表达了我的立场，即这份有关恶魔的记录是一段纯金矿脉。而后续的神经症研究中，只要通过认真的分析过程，就能从症状和联想的原矿中提取矿石。在之后的时代里，人们不再将此看作迷信，而是看作抑郁症。

对此个案进行更仔细的分析，可能会使论断更有说服力。因父亲去世而患上抑郁症和丧失工作能力的人并不少见。我们因此得出结论，这样的人与父亲有着深厚的感情纽带，同时也可以提醒大家，严重的抑郁症经常作为一种悲痛的神经质的形态出现。

目前为止，我们的分析推理无疑是正确的，但如果进一步说，这种父子关系仅仅关于爱，那就有失偏颇了。相反，与父亲的关系越矛盾，失去父亲的悲痛就越有可能转变成抑郁。然而，当我们把这种矛盾的心态带到意识层面时，我们就要做好准备，此时父亲可能会受到我们的诋毁，正如画家的附魔神经症表现一样。如果我们对克里斯托夫·海茨曼的了解，能够像正在接受分析的来访者一样多，那就很容易理解这种矛盾心理的发展了。海茨曼可以通过回忆让我们了解，他是何时以及为何害怕和憎恨他父亲的，最重要的是，我们还能探寻除了正常父子关系中不可避免的父亲仇恨之外，是否还存在其他的偶然因素。比如父亲对他工作能力的压抑，就可能有一些特殊的解读。可能父亲反对儿子想当画家的欲望，儿子在父亲死后丧失绘画能力，一方面是一种习惯性的“顺从”表现，另一方面，一旦无法谋生，他对父亲在他与生活琐事之间出现的渴望就会骤增。作为一种延迟的服从，它也会构成一种悔恨的表达以及成功的自我惩罚。

然而，由于我们无法对死于1700年的克里斯托夫·海茨曼进行个人分析，我们就必须得特别关注其临床病史中的一些特征。这些特征十分典型，表明了他对父亲的负面态度的原因。文本中这样的情况并不多见，也不是特别明显。尽管如此，这类非常有趣的细节又确实存在。

首先，我们来考虑数字 9 所起的作用。“与恶魔之间的契约”为期 9 年。在这一点上，波滕布伦的牧师那份颇具可信度的报告对此阐释得相当清楚：依据为期 9 年的契约文本。这份报告的日期为 1677 年 9 月 1 日，它还告诉我们，契约到期的时间就在几天后，也就是当月（9 月）24 日。因此，该份契约应该是在 1668 年 9 月 24 日起草的。

事实上，在牧师的这报告中，数字 9 还有另一个用途。画家在签下契约之前，9 次经受住了恶魔的诱惑。随后的报告中没再提到这一细节；但修道院院长在证词中使用了短语“Post annos novem”（9 年以后），编者还在他的摘要中重复了该词“ad novem annos”（9 年到期时），这一点本身就证明，这个数字确实不容小觑。

在神经症的幻想中，数字 9 早已为我们所熟悉。9 是怀孕月份数，一提到数字 9，不管它和怀孕有没有联系，都容易把我们的注意力引向关于孕育生命的幻想。在这种情况下，我们可以肯定，这个数字指的是年份而非月份。这个数字在其他方面可能还有重要意义，当然有人会否认这一点。我们并不能肯定这个数字的神圣性完全源于它与孕育生命的关系，我们不应该被数字 9 的寓意从 9 个月变为 9 年的表象所蒙蔽。梦境告诉我们，“无意识的心理活动”很善于玩弄数字。举个例子，出现在梦中的数字 5，往往暗指生活中有意义的数字 5。实际上这个数字

5 可能是指年龄相差 5 岁，或 5 个人的团体，但这个数字在梦中则会表现为 5 块钱或 5 个水果。也就是说，数字保持不变，但其特指却会因为凝聚或替代的要求而发生改变。梦中的 9 年很可能代表现实中的 9 个月，这再正常不过了。清醒生活中的数字，会以各种方式被梦境玩弄，比如梦境对密码不屑一顾，根本不把它们当成一串数字来对待。梦中的 5 美元可能相当于现实中的 50 美元、500 美元、5000 美元。

画家和魔鬼的关系中还有一个细节与性有关。我们已经提到过，当他第一次看到魔鬼时，魔鬼的形象是一个憨厚的绅士。然而下次见面时，他已变得赤身裸体，形貌畸形，有两对乳房。在随后的所有幻象中，都出现了魔鬼的乳房。有时只有单个，有时是两个。还有一次幻象中，魔鬼除了长出许多乳房外，还长出了一个巨大的阴茎，其末端是一个蛇头。通过巨大而下垂的乳房（手稿中完全没出现过任何女性生殖器的迹象）来强调女性特征，似乎与我们关于魔鬼是画家的父亲替身的这一假设明显矛盾。另外，以这种方式表现魔鬼，其本身也相当不寻常。如果说魔鬼是作为一种种群而生活，在他们生活的地方，也即他们成群结队出现的地方，出现女性魔鬼并没有什么特别之处。但是，手稿中的魔鬼是强大的角色，是地狱之王，是上帝的对手，在我看来，他本来就应该以各种伪装的形貌出现，比如长着角，带着尾巴，并且长着蛇头状的阴茎。魔鬼本来就不应该以一位男性，尤其是一位得体男性的形象出现。

这两处被一笔带过的表述，表明了画家对父亲的态度，有着典型的消极意味。他挣扎于对父亲的女性态度之中。这种态度在魔鬼所代替的形象（9 年后）为父亲生下一个孩子的幻想中达到高潮。在精神分析中，我们非常了解这种阻抗的形式，而在转换的过程中，又会以很多非同寻常的形态出现，而且会带来诸多麻烦。在海茨曼对去世父亲的哀悼中，以及对父亲渴求的加剧中，他重新唤醒了长期以来被压抑已久的孕育生命的幻觉，接着，他不得不通过神经症发作以及诋毁父亲的方式，来保护自己免受这种幻想的影响。但是，为什么这位沦为魔鬼的父亲，会表现出一种带着女性特征的身体迹象呢？乍一看，这里似乎有一个很难解释的点。不过在此，也出现了两种相互竞争，同时又相互兼容的解读。当小男孩意识到他正在与女人争夺父亲的爱时，也就意味着他丧失了自己的男性生殖器，意味着自己受到了阉割。自此，他对父亲的女性态度就被压抑了。因此，对女性态度的否定，是一场避免阉割的挣扎。这种否定最突出的表达，往往出现在阉割父亲，以及将他变成女人的两种对立幻觉中。因此，魔鬼的乳房代表着海茨曼作为儿子，将男人的女性特质，投射到了父亲的替代者身上。对魔鬼身上的女性特质的另一种解释，则认为它代表了一种柔情而非敌意。在这种女性形态中，能看到婴儿般的爱意从母亲转移到了父亲身上。

有人提出，从前存在一种强烈的母亲固恋，这种固恋本身就是孩子对父亲怀有敌意的部分原因。丰满的乳房构成了母亲的积极性特征，即使孩子在不熟悉女性的消极特质（即没有阴茎）时也是如此。如果是画家在面对阉割时的挣扎，使他不可能放任自己对父亲的渴望，所以他才向母亲的形象求助并寻求救赎，那就完全可以理解了。这也是他为什么表示，自己只能在玛丽亚采尔，由圣母解除契约，并在圣母的生日（9月8日）这天还自己自由的原因。当然，我们永远不会知道9月24日，也就是"契约"生效的那天，是否也是通过某种相同的方式确定下来的。

在精神分析对儿童精神生活的一切观察中，男孩对父亲的女性态度以及由此产生的孕育生命的幻觉，几乎是最让正常的成年人反感并且难以置信的事。直到萨克森州的联邦法院院长丹尼尔·保罗·施瑞伯将他的精神病史以及几乎完全康复的情况报名记录下来并出版以后，我们才能毫无顾忌与愧意地谈论这些事情。我们从这本极其珍贵的书中了解到，在这位院长大约50岁时的某天，他突然开始相信上帝已经决意阉割他，并要将他重新缔造成一个女人。顺便说一句，上帝的许多特征都和院长的父亲，受人尊敬的施瑞伯医生恰好相似。（这位院长自己婚后没有孩子）于是，院长反抗了上帝的这一决定。在他看来，这是非常不公正的，这"违背了万物的秩序"。

施瑞伯院长因此出现了偏执狂的症状。不过随着时间的推移，这些症状逐渐消失了，只留下了一些踪迹。这位才华横溢的作者一定没料到，在记录自己的病史时，他暴露了一个典型的致病因素。

这种对阉割或女性态度的阻抗，已经脱离了阿尔弗雷德·阿德勒所谓的有机语境，以一种肤浅或不准确的方式，与权力意志联系在一起，同时也代表了一种独立的倾向，也就是“男性反抗”。不过，除非两种倾向之间出现冲突，否则神经症是永远不会出现的。因此，将男性反抗视为“一切”神经症的原因是有可能的，将其所抵抗的女性态度视为神经症，其原因也是同样。的确如此，这种男性化的反抗始终是性格形成的一个组成部分，它在某些情况下起着非常大的作用。在对神经症的来访者进行分析时，它是一种强有力的阻抗。精神分析流派已经对有关阉割情结的男性反抗给予了应有的关注，但还不能将其确定为神经症中万能且恒定的因素。有一位确定其男性反抗特征明显的来访者向我寻求治疗，他受困于一种强迫症，在其行为反应和性格特征中表现得十分明显。在他的神经症中，男性和女性之间尚未解决的冲突（对阉割的恐惧和渴望），被表达得相当明确。此外，这个来访者还产生了受虐狂幻觉，这完全是因为他渴望体验阉割。他甚至已经在这些幻觉之外，以一种有悖常理的方式获得了实际满足。正如阿德勒的理论所认为的，他的状况从整体来看，是由于对童年早期爱意固着的压抑和否定。

施瑞伯院长的治愈手段，始于他决定放弃对阉割焦虑的一切抵抗。

对于上帝为自己缔造的女性化形象，他也表示可以接受。从此之后，他的头脑愈发平静而清醒，能够让自己离开疗养院，并回归正常生活。不过，他会每天花上几小时用以培养自己的女性气质，并且相信自己最终能成为成熟的女性，达到上帝的要求。

4. 两份契约

在这位画家的经历中，有一个值得注意的细节，那就是手稿中记录了他与魔鬼签订了两份不同的契约。

第一份用黑色墨水写成，内容如下：

> 我，克里斯托夫·海茨曼，签署此契约以立誓，在往后9年之内，做这魔鬼之躯的儿子。1669年

第二份契约用鲜血写成，内容如下：

> 克里斯托夫·海茨曼签署此契约，发誓自公元1669年起，我将自己出卖给魔鬼，做这魔鬼之躯的儿子，接下来9年，我的肉体和灵魂都属于他。

我已经多次提过这两个契约，现在则提议更加细致地讨论它们。尽管在此将各种琐事放大，似乎需要冒着巨大的风险。此处非常不寻常的是，一个人竟然两次向魔鬼出卖自己。第二份契约竟然是第一份的替换，而不是对它的撤销。

也许对于那些更加熟悉附魔事件的人而言，这似乎无须惊讶。就我个人而言，我只能认为这是手稿个案中的特例。当我发现这一点在各个手稿中有不一致的时候，我就对此产生了怀疑。对这些分歧的仔细检查，让我们对这一临床个案有了更深的理解。这点相当出人意料。

所有描述中最简单、最清楚的是波滕布伦牧师介绍信

中的内容。其中只提到了一份契约，它是画家在 9 年前用鲜血写成的。这份契约不久（9 月 24 日）便到期，因此我们可以推算出来，这份契约的签约日期为 1668 年 9 月 24 日。但很遗憾，后面这个日期并没有被明确提到。当然，对此的省略是人们的自由。如我们所知，弗朗西斯科修道院院长的证词落款日期是几天后（1667 年 9 月 12 日），他对事件进行了更复杂的描述。

我们可以很容易地认为，在这几天里，画家将更精确的细节给了牧师们。院长的证词描述了画家的两份契约是如何订立的，第一份是在 1668 年（这一日期与牧师信中一致），是用黑色墨水写的；但另一份血书却写于 1669 年。这份用鲜血写成的契约，是他在圣母诞辰日收到的。院长的证词没有提到这一点，它只是提到了：似乎只有一份文档。

但是，从手稿的后续记录，以及《胜利》文本的彩色封面上，我们可以清楚地看到恶龙留存的契约上写着红色文字。因此存在两份契约似乎是顺理成章的。我们已经提到，后来画家于 1678 年 5 月回到玛丽亚采尔，因为他在维也纳又一次受到了恶魔的诱惑。

他再次恳求圣母救赎他，并设法将墨水写成的那份契约拿回来。此次的发生经过并不像第一次那样有详细描述。手稿中只说了“契约再次被归还了”，而在另一处，编者说这份特殊的契约是魔鬼于 1678 年 5 月 9 日晚上 9 点扔给画家的，“它被揉作一团，撕成了四片”。

但是，两份契约的期限相同：都是 1669 年。上述矛盾要么毫无意义，要么就给我们提供了如下的线索：

修道院院长的描述给出了非常多的细节，其中有诸多难题需要我们解决。当克里斯托夫·海茨曼告诉波滕布伦的牧师，他受到了魔鬼的胁迫，清算的日子即将到来时，他（在1677年）想的一定是1668年制定的那份契约：也就是第一份用墨水写的契约（顺便一提，牧师在介绍信中说的唯一那份契约是鲜血写的）。然而，几天后他在玛丽亚采尔，却又只是一心要拿回后来的血书契约，可契约分明还没有到期（约定的是1669—1677年）。这样一来，要么第一份契约已经逾期，要么第二份契约直到1678年又被改写，即改成为期10年。我们不得不追问，假如报告中明确将其中一次契约定为“次年”签署，那这两份契约的日期为什么同为1669年呢？

编者显然已经意识到了这些问题，因为他做出了消灭这个问题的尝试。在序言中，他采用了修道院院长的版本，但又在一个细节之处对其进行了修改。他说，这位画家在1669年用墨水与魔鬼签下了契约，但是之后，他又用血书写了另一份契约。他并不理睬两份证词中的明确声明，也即契约是在1668年缔结的。为了与两份归还的契约在日期上达成一致，他忽略了修道院院长证词中，对两份契约之间存在日期差异的表述。

在修道院院长的证词中，有一段括号中的内容，紧跟在“在1669年之后”。这段内容如下：

> 正如我们平时的说话中那样，这里用的只是年份的泛指，实际缔约的年份要比这早些。

这显然是编撰者的注解，因为院长明明只看到了一份契约，因此他绝不可能说两份契约的日期相同。把这段话放进括号里来，一定意味着这段话出自他人之手，而不属于院长的证词原文。汇编者为了调和相互冲突的证词，还做出了另一个尝试。在他看来，虽然第一份契约确实缔造于 1668 年，但这一年（9 月）似乎有点太早了。因此在他的笔下，画家将签订契约的期限推迟了一年，以便使两份契约上的日期相同。如果说，对编者来说，两份契约不一是说话习俗使然，那很可能让他对此做出的一切尝试，都被打上“随意推诿”的烙印。

我还不能确定自己对这一个案的陈述，是否能给读者留下什么印象，或者能否充分引起读者对这些细枝末节的兴趣。就我而言，我不可能滴水不漏地解释这件事。但我在研究的过程中，还是大胆地进行了猜测。这样猜测的优势在于，能够将事件按最符合常理的顺序排列，尽管书面证据无法完全支撑这一排序。在我看来，在画家第一次造访玛丽亚采尔时，他只提到了一个用鲜血写成的契约，且即将到期。该契约起草于 1668 年 9 月 8 日，与牧师介绍信中描述的完全一样。

在玛丽亚采尔，在圣母的施压之下，魔鬼将后一份血书的契约归还了画家，画家又杜撰了一份契约。后来发生的事情我们也知道，这位画家很快就离开玛丽亚采尔去了维也纳，直到 10 月中旬，他在维也纳感觉到病情好转不少。但是之后，他又病倒了。他感觉恶魔的幻影又开始出现了。他再次感觉自己需要被救赎，但他无法解释圣母堂的驱魔为何没有让他获得永久的解脱。海茨曼旧病复发，玛丽亚采尔也不会欢迎他回去。为了克服眼前的困难，画家杜撰了一个早先签下的契约，但这份契约是用墨水写成的。这样一来，与后来的血契相比，它的意义相对而言微不足道，也就让事情更有说服力了。海茨曼再次回到玛丽亚采尔，此行是为了拿回所谓的第一份契约。后来，他终于从恶魔的压迫下解脱出来了，不过此时，他立即向我们表明了自己身上仍潜藏着神经症。他的画作显然是在第二次到玛丽亚采尔逗留的时候画的：封面上的一幅呈现了两份契约的场景。为了让前后故事的叙述相符，他很可能遭遇了一些尴尬。显然，他只能杜撰一份较早签下的契约而非较晚的，后者显然不太方便。因此，他无法避免一个尴尬的结果，即过早地（在第 8 年）赎回了那份血书契约，而另一份黑墨水写的契约，又赎回得太晚了（在第 10 年）。后来，他又弄错了两份契约的签款日期，将时间都定在 1669 年，这个标志揭示了他对整个故事的双重杜撰。这一错误可以被看作无意流露的坦诚，它让我们得以猜测：所谓先前签下的契约，实际是较晚时被捏造出来的。这位汇编者的整合，肯定不可能完成于 1714 年之前，甚至可能是 1729 年才进行的。此时，他才有必要尽其所能去解释与证明那些看似无关紧要，却不容忽视的琐碎矛盾。当汇编者发现文本中的两份契约日期都是 1669 年时，他难免诉诸一种狡猾的手段，将解释插进了修道院院长的证词中。在这个本意是为引人入胜的谎言中，我们很容易看出其弱点所在。在修道院院长的证词中，已经提到了两份契约的存在，一份是墨书，另一份是血书。因此，我们还面临着另一种选择，要么断定汇编者篡改了证词本身，以使其与插入的那个段落一致，要么坦率地承认自己无法解开这一纠结。

我敢断言，读者会认为所有这些讨论都是多余的，还会认为关注这些问题，本身就太琐碎了。不过，如果我们继续朝某一方向跟进，便能触发新的兴趣。我已经表达了立场，当画家不幸被疾病复发所困扰时，他杜撰了一份更早的契约（是用墨水写的），以便继续和玛丽亚采尔的神父们和睦相处。既然我是准备将本文写给那些相信精神分析而非相信魔鬼存在的人写的。那读者就可以指出，对一个在介绍信中被称为可怜家伙的悲惨之人提出这样的指控，该是多么荒谬。因为他们可能会说，血书和所谓的早先用墨水写成的契约一样，都是幻想的产物。事实上，魔鬼从来没有出现在画家面前过，整个魔鬼契约的事仅仅存在于他的想象中。我很清楚一点：人们不能剥夺这个可怜人的权力。他会根据需要，通过一个新的幻想来补足从前的幻想。但探究目前还不能停止。与恶魔的幻影不同，这两份契约可不是幻觉的产物。它们已成文本，转录人的证词和基利恩院长的证词，都保存在玛丽亚采尔的档案中。在那里，各种各样的人都见证了这段故事并用文字记述了它。因此，我们陷入了进退两难的境地。一种观点，我们要么假定，画家口中由上帝的恩典而归还给他的契约，是他自己因为需要而起草的；否则，即使有再多庄严的保证，密封的证人证词等，玛丽亚采尔和圣兰伯特教会的可信度都会大打折扣。我必须承认，我实在不想选择后一种可能。

我坚定地倾向于另一种观点，汇编者屈从于利益，伪造了第一位修道院院长的部分陈词。但这种“二次阐释”，和业余现代历史学家的所作所为无二，而且无论如何，他的行为都是真诚的。

这些可敬的神父已在方方面面令我们信服。我此前就说过，他们会不顾一切地掩盖治疗的不完全性质，以及恶魔的反复出现。此外，人们在预期中可能会对圣母堂中的救赎抱有一点担心，他们的描述实际上是在明确地激发人们的信心。因此，我们除了控诉画家之外，别无他法。当他去神殿做忏悔祈祷时，或许已经带了血约，他在与恶魔会面后回到集会的人群中时，就拿出了血约。此外，这份契约也不一定是后来档案馆中保存的那份，但根据我们的猜测，其制定日期应该还是 1668 年（驱魔前的 9 年）。

5. 神经症的后续发展

但如果是那样的话，这一切只能说明画家耍了一个诡计，而非患了神经症。画家是个虚伪的人，是个骗子，而并非苦于被魔鬼占有的人！但正如我们所知，神经症和伪装之间的过渡，本就是非常灵活的。即使假定画家杜撰了这两份契约，并将整件事在其幻觉下呈现出来，也并非不合情理。事实上，只要他意欲将自己与魔鬼立约一事，以及随后救赎的幻想实现，他除此之外就没有其他选择。不过，他在第二次到访玛丽亚采尔时呈送给牧师们的维也纳日记，还是带着真实意味的。这无疑让我们有了更深刻的洞见。或者说，我们能对神经症更好地加以理解了。日记记录的日子是从他成功赎回契约到次年（即 1678 年 1 月

13日）。

直到10月份，海茨曼还在维也纳生活得很好。他和一个已出嫁的妹妹住在一起，但自10月以后，他癫痫再次发作，还常伴随幻觉、抽搐、意识丧失和痛苦的感觉。这最终导致他于1678年5月，再次回到了玛丽亚采尔。其症状的复发可以分为三个阶段。

最初，一位衣着华丽的绅士出现，试图诱使海茨曼放弃签署加入圣玫瑰兄弟会的文件。这个诱惑被画家成功地抵制住了，但次日又出现了第二个诱惑。这一幕发生在一个装饰精美的大厅里，一个身份高贵的男人与美丽的女人在那里跳舞。同一位骑士向他提了一个关于绘画事业的建议，并答应给他一大笔钱作为报酬。通过祈祷，这个幻象也被画家克服了，但几天后，诱惑又以一种更具压迫感的形式重现了。这一次，绅士派了一群漂亮的女士围桌而坐，其中最漂亮的那位说服画家与她们寻欢。海茨曼艰难地保护了自己，未受美丽诱惑者的哄骗。而最可怕的，还是不久之后出现的景象。那是在一间更宏伟的大厅里，大厅里矗立着一个“用金块高高垒起的王座”。朝臣们围在宝座周围，等待着他们国王的到来。那个一直缠着他的人走上前来，恳求画家登上王位，因为他们“愿意让他成为国王，保证永远敬畏他”。这种对幻象的阐述，就是他受诱惑经历的第一个阶段，也是一个清晰明了的阶段。

现在可能有人不可避免地感觉到，故事中禁欲主义占了上风。10月20日，一道光辉出现在海茨曼面前，基督的声音从光里传来，施令他放弃这个邪恶的世界，到沙漠中去侍奉上帝六年。这些神圣的幻象显然会让画家遭受更大的痛苦，比之前提到的恶魔幻象有过之而无不及。海茨曼在两个半小时后，才从这次癫痫发作中缓过劲来。下一次幻象里，笼罩在光辉中的圣人更加充满敌意，责备他此前没有服从神圣的命令，并将他带进地狱，以便让他随时忌惮受到诅咒的命运。然而很明显，这一切也没有达到目的。因为光辉中的幻象，也就是疑似基督的人在此后又反复出现几次，画家每一次谵妄发作，都伴随着持续几个小时的意识丧失和迷幻状态。在这所有令人印象深刻的迷幻中，有一次他被带进了一个从未去过的小镇，那里的居民在街道上暗无天日地工作，与安静的牧场形成对比。隐士们在牧场中虔敬地生活，很显然承蒙了上帝的恩典和仁爱。接着，圣母代替基督出现了，她告诉画家，自己已经为他做了些事，并让他服从自己心爱儿子的要求。“因为他下不了决心逼你就范”，第二天，基督再次出现在他面前，严厉地斥责了他，并企图通过应许来拉拢他。海茨曼终于屈服了，下定决心离开这个世界，去履行耶稣的要求。故事的第二阶段到此结束。画家说从那以后，他再也没见过幻象，也再也没受过诱惑。

不过，海茨曼的决心也不可能十分坚定与持久，因为他 12 月 26 日在圣斯蒂芬教堂祈祷的时候，看见了一个高大健壮的丫头，身边跟着一个衣冠楚楚的男人，他不禁想到，自己或许会接替后者的位置。当天晚上，惩罚就像晴天霹雳般袭来，他看见火舌将自己吞没，接着就昏倒了。有人试着唤醒他，但他在房间里蜷缩成一团，直到血从鼻子和嘴里流出来。他感到周遭酷热而恶臭，仿佛听到一个声音说，这是对他种种徒劳无益观念的惩罚。后来，他又被恶灵鞭笞，还得知每天都会重复受到这样的惩罚。直到他决定进入他们命令中的隐士教会。这段经历一直持续到他的最后一篇日记（1 月 13 日）。

我们看到了这位不幸的画家用苦行、受到刑罚的幻觉来取代充满诱惑的幻觉，这样的结局我们早已知晓。他于五月访问玛丽亚采尔，讲述了一个用黑色墨水写成的首份契约的故事。他显然将自己持续受到魔鬼的诱惑归因于这份契约，拿回了这份契约后，他就彻底痊愈了。

而后的第二次到访，海茨曼的绘画还被复制到了《胜利》文本上。不过，他下一步的行为很符合日记中描述的苦行阶段要求。可以肯定，他去沙漠并不是为了做隐士，不过他加入了教士医院修道会——一个宗教活动教团。仔细阅读他的“日记”，我们可以深入洞察故事的另一部分。我们记得画家之所以把自己许诺给恶魔，是因为他在父亲死后感到沮丧，无法工作且担心自己的生计。抑郁、工作能力缺乏，还有悲伤，无论简单还是复杂，这些因素之间都有一定的联系。也许魔鬼如此慷慨地袒露乳房，正是因为他将要成为一位养父。可这希望没能实现，画家的病情倒是不断恶化。他无法正常工作，抑或时运不济，没有工作以谋生。在牧师的介绍信中，画家被描述为“穷困潦倒的可怜人”。因此，他处于道德困境，而且生计上也十分潦倒。在对他后来幻象的描述中，我们发现众多证据表明，如插图所描绘的场景那样，纵使画家第一次得到了成功救赎，这潦倒的一切也没有改变。我们逐渐认识到，他和这个时代格格不入，没人对他有信心。在第一个幻象中，那绅士问他打算做什么，毕竟没有人对他感兴趣。发生在维也纳的第一个幻象，完全契合一位穷困者的欲望，其中满是尘世堕落、贪婪享乐——宏伟大厅、奢华生活、珍宝与可爱女人。现在，我们总算找到了他与魔鬼的交涉中遗漏的东西。彼时，他正陷入深深的抑郁之中。这导致他拒绝一切享乐，对最诱人的提议也置之不理。在他被救赎之后，抑郁似乎已经被克服。因此，一切世俗的渴望卷土重来。

在那个关于禁欲主义的幻象中，海茨曼向幻象中的向导（基督）抱怨到，所有人都对他不信任，因此他无法履行任何命令。不过，他给出的回答含糊其词。“因为他们根本不相信我，尽管我很清楚这一点但我还是愿意跟你谈谈。”况且，那天向导将他带到隐居地后又发生了什么，这也非常耐人寻味。海茨曼来到一个山洞，一位老人已经在那里坐了60年。他告诉画家，每天都有一位来自天堂的天使供这位老人饮食。接着，他亲眼看见一位天使带来了食物:“那是三个装满食物的盘子，一个装着面包，一个装着布丁，还有一个装着饮料。”隐士吃完饭后，天使收好所有的东西，并把它们带走了。我们由此认识到，虔诚的幻象其本质还是诱惑，诱使他选择一种生计无忧的生活方式。在最后一次幻象中，基督的话语也值得注意。他威胁画家说，如果他不就范，就会有麻烦发生在所有人身上，画家直截了当地说:“我不该听从他人的意见，即使所有人都迫害我，不对我伸出援手，上帝也不会抛弃我。”

克里斯托夫·海茨曼是个十分世俗的艺术家，他发现自己很难放弃这个罪恶的世界。尽管如此，他最终还是就范了。因为他的处境实在无力。他进入了一个神圣教会，在那里，他内心的冲突以及物质需求都终结了。其后果由神经症反映出来，是那份所谓早期契约的归还，终结了他遭遇的攻击和幻象。实际上，他的附魔病的两个阶段都有相同的意义。他只是想要安全的人生，首先是要得到魔鬼的帮助，但要以牺牲永恒的幸福为代价；接着，在圣母的帮助下，上述努力没能实现，只能终止。但这样做的代价就是牺牲他的自由，以及生活中的绝大部分乐趣。也许克里斯托夫·海茨曼就只是一个可怜鬼，从来没有任何幸运降临在他身上；也许他因为天资太差，效率太低，因此无法谋生。众所周知，这就是“永恒的乳儿”的症状。

这一症状专指那些无法离开母亲怀抱的人。他们视母亲为乐土，终其一生都相信自己要享受他人的滋养。因此，在画家症状发作时，他追随着自己的父亲，用魔鬼而非虔诚的神父，作为自己父亲的替代。

从表面上看，海茨曼的神经症仿佛是一个把戏，（往往）掩盖了生存挣扎中非常严重的一部分焦虑。当然，这种情况并不稳定，但也绝非罕见。我多次在精神分析的案例中发现，一个“在其他方面很健康，只是有一段时间表现出神经症迹象”的商人，其治愈效果并不令人满意。这位商人知道有一场灾难正在威胁他的生意，而神经症的发作正是此威胁的副产品。在症状背后，他能够掩盖自己对生计的真正担忧。然而对于生活中的其他方面，这些症状不仅不合时宜，而且消耗了人的精力。如果用这些精力来尽力处理危机状况，或许能产生更多好处。

在更多的个案中，神经症的独立程度更高，更加独立于人们的自我保护和自我维持。冲突中的利害关系决定神经症要么关注纯粹的力比多，要么与自我保护的力比多情感有密切联系。在上述几种情况下（画家，商人，大多数神经症患者），神经症的动力都是相同的。力比多受阻而无法获得真正满足感的人，因退行而回到旧时的固着时，会通过被压抑的无意识找到释放。来访者的自我只要在上述过程中获得了谵妄或有害健康的东西，神经症就会被助长。尽管这无疑意味着来访者会遭遇经济上的麻烦。如果不是温饱问题加剧了对父亲的渴望，即使画家的境遇再悲惨，也不会引起他的附魔神经症。在海茨曼的抑郁以及和魔鬼的契约终结后，他的内心世界仍然存在两种价值观的冲突：一方面，他向往生活中的力比多欢愉；另一方面，他为了自我保护，必须成为一名坚定的隐士和苦行者。有趣的是，画家非常清楚地认识到自己疾病的两个阶段含义完全相同，因为他将两个阶段生病的原因都归咎于他交给魔鬼的契约。另外，他没有明确区分恶魔的阴谋与天国的诡计，他仅仅把它们视为同一种特征——魔鬼的阴谋。